U0305584

国家出版基金项目
NATIONAL PUBLICATION FOUNDATION

"十三五"国家重点出版物出版规划项目

国家出版基金项目

云南省西南边疆民族文化传承传播与产业化协同创新中心建设项目

云南省社会科学普及规划项目

美联基金项目

非物质文化遗产的田野图像

云南大学西南边疆少数民族研究中心◎编

何　明◎主编

云南藏族木碗文化

李志农　刘虹每／著

云南出版集团

云南美术出版社

为精神家园守夜
"非物质文化遗产的田野图像"序言

何明

非物质文化遗产积淀着人类的历史记忆，表征着丰富的文化多样性，构建着文化认同的精神家园。而"全球化"(globalization) 的迅速推进，把或隐或显的带有西方思想观念和价值体系的"现代性"商品、图像、技术、知识和思想在全球范围迅速扩散，悄然而迅速地吞噬与置换着民族性和地域性的生活方式和非物质文化遗产，西方化的同质性"世界图景"越来越明显而强烈地凸现出来，多样性的文化及其非物质文化遗产面临着生死存亡的危机与考验！

民众在行动，演绎出一幕又一幕可歌可泣的非物质文化遗产传承保护的大戏；国家在行动，推出一个又一个保护非物质文化遗产的法律法规；知识界在行动，非物质文化遗产的调查研究成为不同学科共同关注的焦点。作为以人类文化及其多样性为研究对象的学科，民族学和人类学责无旁贷地担当起调查研究非物质文化遗产的主力军和保护传承非物质文化遗产的"守夜人"。

法国艺术大师罗丹曾说："世界上不是缺少美，而是缺少发现。"长期穿行于山林田野之间并驻留于"他者"之中的人类学家和民族学

联合国教科文组织 2003 年 10 月 17 日在法国巴黎召开的第三十二届会议正式通过的《保护非物质文化遗产公约》，在"总则"第一条第一款对"非物质文化遗产"的定义是："指被各群体、团体、有时为个人视为其文化遗产的各种实践、表演、表现形式、知识和技能及其有关的工具、实物、工艺品和文化场所。"

家，以其特有的学科敏锐性不断地发现鲜为世人所知的文化事项和非物质文化遗产，并亲临现场进行细致的参与观察，以撰写民族志的方式表述出来，使之成为"凝视"的焦点。"凝视"的后效在于：唤起文化持有者的文化自觉，以自己存有非物质文化遗产而感到自豪，倍加珍惜与主动传承；拓展其他社会或群体的文化视野，产生文化震撼，尊重异文化，并转化为支持各类非物质文化遗产保护的行动。

作为表征文化的符号系统，非物质文化遗产蕴含着深邃复杂的意义。若不做深入细致的阐释，人们难以理解其意义，也就无从感知与把握。"人类学写作本身就是阐释"。本套书系的作者们在对各项非物质文化遗产进行过程性和细节性描述的同时，也进行了一定程度的意义阐释，以期增进对非物质文化遗产的理解，进而推动保护实践的广泛有效展开。

以上便是本套书系编写的基本目的，也是表述方式选择的根本依据。

在文化多样性不断遭受现代性侵袭的时代，非物质文化遗产这一精神家园需要"守夜人"。我们愿意勉力为之！

克利福德·格尔兹：《文化的解释》，纳日碧力戈等译，第17页，上海人民出版社1999年版。

目录

一

藏族木碗概述

它们是指青海省的玉树藏族自治州、海南藏族自治州、黄南藏族自治州、海北藏族自治州、果洛藏族自治州、海西蒙古族藏族哈萨克族自治州，甘肃省的甘南藏族自治州、天祝藏族自治县，四川省的甘孜藏族自治州、阿坝藏族自治州、木里藏族自治县，云南省的迪庆藏族自治州

马戎、潘乃谷著：《新中国成立以来我国藏族人口的数量变化及其地理分布》，载《中国人口科学》，1988年第2期，第2~3页。

根据我国2010年第六次人口普查数据（http://www.stats.gov.cn/tjsj/pcsj/rkpc/6rp/indexch.htm）。

《藏族简史》编写组：《藏族简史》，西藏人民出版社，1985年12月版，第4页。

1. 藏族的自然、人文生态

藏族是中华民族大家庭中的重要成员，主要分布在约占全国总面积四分之一的青藏高原上。西藏、四川、青海、甘肃、云南五省区聚居的藏族人口约占我国全部藏族人口的99.8％。西藏自治区以及20世纪50年代陆续在青、甘、川、滇四省建立的10个藏族自治州和2个藏族自治县基本上是藏族传统的居住区域。除此之外，还有部分藏族人民与其他民族分散杂居在一起，并有一些藏族人民从藏区向内地和东南沿海等城市流动。另外，在与西藏自治区接壤的印度、尼泊尔、不丹等国家和克什米尔地区，也居住着一定数量具有藏族血统的人口，其总数估计达百万人。根据我国第六次人口普查数据显示，截止到2010年，我国藏族人口共有6282187人，在全国人口数量中排行第八。藏族使用的语言属汉藏语系藏缅语族藏语支。分为卫藏、康和安多三个方言，其中卫藏方言与安多方言差别较大，康方言介于二者之间。各方言区的藏族在语言、风俗、生计等方面都有较大差别，体现了其族内大小支系之间的复杂性与差异性。

藏族聚居的这三大方言区地形地貌复杂，气候类型多样。雪山、冰川、河谷、湖泊、草原、森林、山间盆地等汇聚一处，高山河谷并驾齐驱，多条大江大河源出于此。青藏高原及其东缘的川西、滇西北高原等地区大部分属于高寒气候，太阳年辐射量大，年平均日照长，气温年差较小。但在雅鲁藏布江流域和怒江、金沙江以及澜沧江"三江并流"的河谷地带，气候温暖多雨，土壤肥沃湿润，适宜于大面积的原始森林生长。

我国藏族聚居地区独特的自然生态环境为木碗的出现提供了有利的物质条件，而藏民的生产生活方式、饮食习惯以及较为寒冷的气候条件等因素也促进了木碗在藏区的流行与传播。总体来看，木碗在藏区得以广泛使用的自然和人文生态的因素主要体现在以下三个方面：

首先，藏区丰富的林业资源为木碗的制作提供了基本的原材料。藏区木碗制作流行的地方，多森林木材而少铜、铁矿石，这种情况在过去资源匮乏、交通不便、手工业不发达的时候更为明显。作为人们日常生活中不可缺少的饮食器具，瓷器在当时较为罕见，除了活佛、贵族、土司等权贵阶级以外，普通百姓很少能够使用。然而，藏区河谷地带丰富的竹木资源弥补了这一遗憾，大自然的馈赠使得当地藏民能够因地制宜地获得最适合他们的食具。

　　其次，木碗轻便、不易碎、易携带的特点满足了逐水草而居的藏民的生产生活需要。藏民的生计方式主要以游牧经济为主，藏民居住的绝大部分地区是不同类型的草原，如藏北草原、果洛草原、可可西里草原、甘南草原、阿坝草原以及甘孜地区的石渠、色达等都是宜于各类牲畜发展的天然牧场。因此，这里藏族人民的生产也一直以牧业为主。牦牛、犏牛和绵羊、山羊是很早驯化的牧畜。这些高原上的特有动物以它的肉、毛、皮、乳供应了藏族人民的生活需用，它们同时还是高原上交通运输的重要工具，牧民的衣、食、住、行都离不开它们。除此之外，在河谷及山间盆地等较温暖的地带也有部分藏族从事农耕或半农半牧的生产方式，他们种植青稞、小麦、荞麦、豆类及核桃、苹果、杏、梨等果树。"地理环境在根本上决定或限制了人们所能选择的谋生手段，而谋生手段则进而决定了人们的生活方式。"藏族尤其是牧区的藏族的这种逐水草而居的生活方式，决定了他们要时常迁徙，而迁徙的流动性决定了他们除了家眷和牛羊以外，能随身携带的东西很少。但饮食器具是人类生产生活必不可少的物品，因此对于藏民而言，木碗这种轻巧便携、不易碎、耐用实用的食具能够在他们的生产生活中发挥最大的效用。

　　再者，木碗不烫手、保暖性强的特点能够适应藏民的饮食习惯。藏区的自然生态及高寒气候使得藏族习惯食用牛羊肉、糌粑、酥油茶、

《藏族简史》编写组：《藏族简史》，西藏人民出版社，1985年12月版，第3-4页。

石硕著：《藏彝走廊：文明起源与民族源流》，四川人民出版社，2009年10月版，第29页。

青稞酒等高热量的食物，配合这种饮食习惯，通常情况下，他们吃饭时会先倒一碗酥油茶，喝一小口后，抓一把炒好的青稞粉放在里面，用手搅拌均匀，再适当添茶或加青稞粉，接着用手指沿着碗壁揉搓，直到青稞粉变成一个半干半润的面团（即糌粑）后，再倒一碗茶，然后一边喝茶一边吃糌粑。几乎每一个藏民都有一个木碗，或者是一种"三件一套"的套碗。碗直接与人体的手、口接触，因此其触感对于使用者来说也很重要。陶瓷碗、玻璃碗或者后面出现的合成树脂碗传热性高，倒入热水烫手，而藏民喝酥油茶、吃糌粑时又习惯碗不离手，因此他们会更青睐于轻巧便携、不易碎、不烫手的木碗。

该观点来自（日）田畑久夫的《中国西南藏族、彝族的木器制作》，见袁晓文主编《藏彝走廊：文化多样性、族际互动与发展》，民族出版社出版，2010年9月版，第544页。

迪庆州博物馆里陈列的马锅头餐具，左边的木碗倒扣在右边的碗盒里即为"三件一套"的套碗

2. 藏族木碗的历史概述

碗是人们日常生活中最常见的一种饮食器具。它与我们的生活息息相关，最为熟悉，却不普通，所谓"小器大用"。碗在汉字中的写法有很多，异体字有"盌""椀""垸"或"锍"等。碗的篆体字写作盌，许慎的《说文解字》说："盌，小盂也，从皿，夗声。乌管切"。古时的碗也写作从"木"或从"皿"，说明这种盛食物用的器皿初始的状态中，曾经流行过石制的、木制的，只是到后来才变成了陶瓷的。当然，西南少数民族至今仍有剜木、削竹为碗的。

从我国出土的文物来看，早在新石器时代便有了木碗，"最早的木碗是浙江余姚河姆渡新石器时代遗址中出土的漆碗"，而现在能见

[汉]许慎撰：《说文解字（附检字）》，中华书局出版，1978年3月版，第104页。

参见许逊：《话碗》，载《艺术市场》，2009年第8期。

赵菁著：《小雅大器：中国古代小木器集粹》，金城出版社，2010年8月版，第275页。

迪庆藏族自治州维西傈僳族自治县同乐村中保存完好的斧削木碗

到的最早的瓷碗是春秋战国时期的青瓷碗。"关于木器食具，韩非子《十过篇》载：'尧禅天下，虞舜受之，作为食器，斩山木而财，削锯修之迹，流漆墨其上，输之于宫以为食器。诸侯以为益侈，国之不服者十三。'从上古尧舜时代发展至明清时期，木质食器深受人们喜爱。木钵、木碗的发展与藏族、蒙古族的生活习俗有关。特别是明代永乐时期，少数民族佛教徒自佛教圣地五台山等地进入中原，也促进了木碗的发展。"

赵菁著：《小雅大器：中国古代小木器集粹》，金城出版社，2010 年 8 月版，第 275 页。

浙江余姚河姆渡新石器时代遗址出土的良渚文化时期的朱漆木碗 I 图片转引自赵菁的《小雅大器：中国古代小木器集粹》，金城出版社，2010 年 8 月版，第 275 页

可见木碗是我国藏族最常用的一种餐具，但木碗并非历来便为藏族所独有。木碗的藏文写作 ꡤꡪꡨꡘ，藏语称"泼巴"。藏族木碗的形制与汉地的瓷碗较为相似，唯独口沿外翻，腰腹鼓起呈弧形，底部圈足。并且，其形制在不同藏区还略有不同，如西藏阿里、左贡、那曲、加查等地的木碗与云南迪庆、丽江以及四川巴塘、理塘等地的木碗在口径大小、腰腹弧度、圈足高低乃至胎壁厚薄等方面都有所不同。常人看上去觉得差不多，然而不同地方的藏民和制作木碗的匠人一眼便

丹珠昂奔、周润年等编：《藏族大辞典》，甘肃人民出版社，2003 年 2 月版，第 539 页。

能觉察其不同。

藏族木碗的来历，在西藏加查县以及错那县等森林资源丰富的地区流传着一个相似的传说：从前藏区的牧民主要从事游牧业，手工业不发达，人们吃饭都用泥碗。然而泥碗既不结实也不卫生，喝奶、喝汤时间一长就开化，喝起来牙碜。有一年，一位（门巴族）木匠到森林里去伐木，喝水时不小心把泥碗砸碎了，这位聪明的木匠就临时加工了一只大木勺来使用。人们看到他用木勺吃饭，就建议他将木勺的柄去掉，渐渐地，人们将这种轻便耐用的木勺改进成木碗，并开始广泛使用。此后，人们就学着用木头做碗，并不断进行技术上的改良。

作为一种食器，木碗与藏民的饮食习惯息息相关。四川学者任乃强在《西康图经·民俗篇》一书中详细地描绘了民国时期西康地区的番人如何使用木碗："番人概用木碗，为形与内地饭碗相似，惟口缘微反向外。番人各有一具，藏于怀中。食时取出，盛茶一碗。微呷后，取糌粑一握置其上，初浮如山，以右手食指入碗，沿口缘搅之，糌粑渐陷入茶，至于尽吸茶汁，成为湿面，则更加干面，反复捏之，使全碗皆成微润糌粑，乃以手捏成小块，如干狗矢，塞入口内咀嚼咽之。食尽，用舌舔碗内外使净，仍入怀内藏之。不用匕箸。亦不洗涤。"

任乃强著：《西康图经·民俗篇》，新亚细亚出版科，中华民国二十三年（1934）七月初版，第62页。

在云南省迪庆藏族自治州德钦县的"木碗之乡"奔子栏村，村民旺堆为我们介绍了木碗制作的大致发展历程：最早的时候，人们是在一整段木头上挖几个坑作为盛食物的器具，因为这种盛食物的方法适

应于藏民喜欢围着火塘一起吃饭的习惯；之后在此基础上，又选择在一小段木头上挖一个洞，这便成了木碗的雏形，然而这样的木碗比较厚重笨拙，使用起来很不方便；再后来，意识到煮过的木头不易开裂且重量较轻易于进一步加工，如削薄、造型等，于是他们开始用水煮木头，再用刀斧等工具从木心处掏削煮后并阴干的木坯来制作木碗，这一阶段经历了较长的时间；大约到了20世纪五六十年代，则发明了一种脚踏设备用于旋碗，这种设备通常需要两个人相互合作，一人踩踏板，踏板通过皮带产生动力，另一个人就在刀片上旋碗，至此，木碗制作已脱离了纯手工阶段，开始向半机械半手工转变，制作工艺日趋成熟；直至今日，木碗制作早已用电动设备代替脚踏，而这又是木碗制作技艺的一大飞跃。

从旺堆的介绍中可以看出，木碗因其轻巧便携、不烫手、不烫口、不怕摔等特性为藏民所钟爱，尤其适合在牧区仍以游牧经济为主，逐水草而居、迁徙不定的藏民使用。加上藏区多森林木材方便就地取材，木碗才会历经时间的筛选，在藏民的手中一代又一代地传承下来。

3. 藏族木碗的地域分布

藏族木碗的使用遍及卫藏、安多、康巴三大藏区。"卫藏"在历史上是吐蕃王朝的政治、经济、军事以及宗教文化中心，是藏族文化发育的摇篮，分为前藏（"卫"）与后藏（"藏"），其行政区划大致相当于今天西藏自治区除去昌都市以外的大部分地方，包括拉萨市、山南市、林芝市西部以及日喀则市、阿里地区等。"卫藏"藏区使用的木碗以阿里地区的普兰县以及山南市的加查县最为著名，其特征是碗口很大，圈足偏低，胎壁较厚，看上去十分粗犷豪放。

"安多"大部分地方属于牧区，其行政区划包括现在的青海省的海北、海南、黄南、果洛几个藏族自治州以及甘肃省的甘南藏族自治州、四川省的阿坝藏族羌族自治州。"安多"藏区的木碗适应于牧区的气候以及牧民的生产生活特点，普遍属于小开口、低圈足、厚胎壁的形制，这样的木碗方便牧民在迁徙过程中随走随用，而不怕酥油茶冷得太快或四处乱溅。

"康巴"包括现在西藏的昌都市、那曲市东部和林芝市东部，以及青海省的玉树藏族自治州、四川省的甘孜藏族自治州和云南省的迪庆藏族自治州。"康巴"藏区使用的木碗以云南的迪庆、丽江，西藏昌都市的左贡以及四川的巴塘、理塘等地制作的最为著名，尤其是云南迪庆的奔子栏村与上桥头村生产的木碗远近闻名，其特征是碗口较小，圈足偏高，胎壁较薄。

除了我国的三大藏区以外，尼泊尔、印度、不丹等南亚、东南亚国家的部分地区也有一些高原和山地民族在使用木碗，其形制与卫藏藏区的木碗相似。三大藏区制作木碗的村寨一般集中在靠近森林、木材丰富且交通便利的地方，不同藏区制作的木碗除了上述形制方面的区别以外，在选材上也有一定的差异。具体而言，诸如云南迪庆、丽江等地制作的木碗，主要是以杜鹃木、五角枫、核桃树、黄木等树木的原木或树瘤作为原

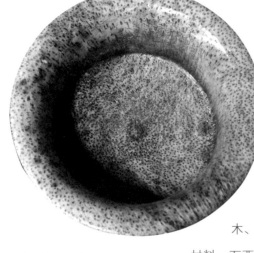

西藏林芝市米林县木碗加工厂生产的竹料碗，因为材质与木碗不同，竹料碗的天然花纹明显成黑色点状（摄影：李锦萍、冯鑫）

材料，而西藏山南、林芝等地制作的木碗，则多了一种竹料。西藏的门巴族就是以竹料制作木碗的代表之一。

"门巴"原来是藏族对他们的称呼，意为住在门隅的人，他们与藏族有着十分密切的关系，主要聚居在西藏墨脱、错那、林芝以及察隅等气候温和、雨量充沛的河谷地带，这些地方生长着大片的原始森林，有十分丰富的竹木资源，且宜于农业种植。因此，门巴族除了从

事农业生产以外，还十分擅长编制竹藤器皿及制作木碗。门隅北端的麻玛村，便是有名的"木碗之乡"。门巴族用竹子制作的木碗，原料大多产自墨脱。这种竹料碗与木制碗的最大区别在于碗的花纹不同，因为材质差异，竹料碗的花纹呈现出黑色斑点状，而木制碗的花纹则是流线型的木纹。

从世俗和物质的层面来看，藏民可以在市场上购买符合自己喜好和需求的任何一个木碗，但是由于地域限制，一般他们也会优先选择自己所在藏区生产的木碗。木碗形制上的差别，主要是各个地区制作

西藏拉萨等地使用的木碗，其特征是碗口较大，胎壁较厚，圈足较低（摄自德钦县奔子栏益西藏文化产业有限公司）

西藏那曲市使用的木碗，其特征是碗口较小，胎壁较厚，圈足适中且厚实（摄自德钦县奔子栏益西藏文化产业有限公司）

西藏阿里地区使用的木碗，其特征是碗口较大，胎壁较厚，圈足适中且厚实（摄自香格里拉市尼西乡上桥头村"非物质文化遗产"传承人廖文华家）

西藏昌都市左贡县生产的木碗，其特征是碗口较小，胎壁较厚，圈足适中（摄自德钦县奔子栏益西藏文化产业有限公司）

木碗的匠人以及生产木碗的工厂根据本地的生态、资源、气候以及饮食习惯等做的调整，因此所谓的阿里碗、那曲碗、林芝碗、中甸碗等，也是木碗适应地方性差异的结果。

二

云南藏族的木碗

位于滇西北地区的迪庆藏族自治州是云南省唯一的藏区，也是云南藏族人口分布的主要区域。截至 2012 年，迪庆州常住人口为 40.5 万人，少数民族人口 319226 人，占总人口的 88.5%，其中藏族人口 129097 人，占总人口的 35.8%。除此之外，滇西北地区的丽江、永宁、宁蒗以及怒江州的部分地区也有少数藏族与其他民族散杂居在一起。木碗除了被藏民广泛使用以外，以上地区受藏文化影响的其他民族对木碗也十分喜爱。但云南木碗的制作，却以迪庆藏族自治州德钦县奔子栏镇奔子栏村、香格里拉市尼西乡上桥头村最为著名，是远近知名的"木碗之乡"。

数据来自迪庆藏族自治州人民政府网站公布的 2010 年第六次人口普查结果。http://www.diqing.gov.cn/mldq/mzyzj/。

1. 木碗的特性

在德钦县奔子栏镇的扎巴家第一眼看见木碗时，小巧的木碗放在藏桌上，像一朵静静盛开的莲花。木碗上过漆色以后，散发着柔和的光泽，高原的阳光一照，通体透明，似乎浑身上下都有一股"静气"。从正面看它有一种立体感，从侧面瞧它则有一种曲线美，圈足厚实似

云南藏族的木碗（左：女碗，右：男碗，摄自德钦县奔子栏益西藏文化产业有限公司）

乎很沉稳，腰腹鼓起似乎大肚量，口沿外翻似乎彰显着一种有容乃大的精神。乍一看，猜不出它是什么材质，只觉得分量一定不轻，然而真把它拿在手里，第一感觉却很轻巧。再仔细端详，就可以看到天然的木头花纹在漆色里时隐时现，流光闪闪。木碗上的花纹，像是遍及其全身的细密分布的经脉，似流水，似火焰，似天空中大风吹过的云层，形态各异，变化万千。木碗源自自然，朴实无华，正因为是木头做的，它才会轻巧便携，用起来不烫手、不烫口、不易摔碎，食物放在里面不易变味，有的材质好的木碗还有防毒功能，真可谓耐用、实用。

　　木碗的造型也很有意思，人们可以将它整个托起，置于掌心；也可以从腰腹处抬起，五指紧握；还可以用手指夹住外翻的口沿，拇指自然搭在上面，其余手指藏匿其下，无论怎么拿都很方便。

　　世上没有两片同样的树叶，也没有两棵重复的树木，因此，尽管模样相似，每一个木碗却都是独一无二的。藏民对它喜爱有加，揣在怀里，摆在桌上，或放在壁橱里。怕它被虫蛀了，刷一层核桃油再刷几遍漆，有的还给它包上白银或镶一点儿金，大伙儿吃饭聚会时拿出来使用、把玩，喜不自禁。

　　然而，木碗因其木制的特点，也有一些弊端，例如不能经常水洗或泡在水中，长期放在太阳底下暴晒容易变形等。因此藏民用完木碗之后，一般只用手或抹布将其擦拭干净，然后再放入怀中或倒置在家里的通风处。而经过长期使用的木碗，表层会形成一层油脂的保护层，并越擦越亮。

2. 木碗的类型

　　通常而言，每个藏民都有一个专属于自己的木碗，但不同的人对木碗的使用有所区分，除了因为地域差异而造成的木碗形制上的差别以外，这种区分还体现在宗教、性别以及符号化的社会阶层等方面。

具体而言，按宗教因素来划分，可分为僧人用的木碗与普通藏民用的木碗两种，且这两种木碗绝不可混用。僧人用的木碗有一个显著特征，即腰腹处凹陷了一圈进去，将碗身分为两半，上面是木碗的开口，下面则似一个莲花台座，或像一个钵盂的形状。除此之外，僧人用的木碗在各个藏区、各大寺院，无论是大乘佛教还是小乘佛教、密宗还是显宗、喇嘛还是尼姑，沙弥还是活佛，其形制都大体相同。藏

沙弥意译为求寂、息慈、勒策，即止恶行慈，觅求圆寂的意思。在佛教僧团中，指已受十戒，未受具足戒，年龄在七岁以上，未满二十岁时出家的男子。

两种包银的僧人木碗

传佛教认为"众生平等"，因此僧人用的木碗也全部统一形制，简洁朴实，没有区别。并且，僧人在寺院大殿内用的木碗不允许上漆或包金镶银，这是因为藏传佛教的教义规定，僧人应谨遵清规戒律，不能贪财，不能有攀比和炫耀的心理，因此木碗只要具备食用功能即可。不过在我们的田野调查中，也发现有的僧人使用了带碗盖与底座的木碗，并且碗盖与腰腹处还包了厚厚一层白银，盖顶则镶嵌了宝石，据说这是老百姓为表示感谢送给活佛的礼物。但这样的木碗僧人也只能在殿外或僧舍私下使用，而不允许带入大殿内。

① 云南中甸男式碗

② 云南中甸女式碗

③ 云南中甸、四川得荣等地僧人使用的木碗

④ 包银木碗

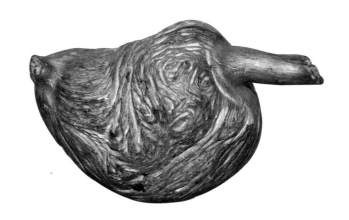

宝木"咱"（摄自迪庆藏族自
治州德钦县奔子栏村）

　　普通藏民用的木碗则有更细的划分。云南藏族的木碗，尤其是中
甸、丽江生产的木碗有男碗和女碗之分。男碗大而敦实、腰腹圆鼓，
意味着男人身材强壮、胸怀宽厚、度量大；女碗苗条细致、小巧玲珑，
意味着女人身材婀娜、丰满圆润、能持家。在家中，父亲、丈夫、儿
子使用体型较大的男碗，母亲、妻子、女儿使用体型较小的女碗，男
碗女碗不能混用。

　　而按社会阶层或家庭经济状况及财富程度来分，木碗则有普通百
姓用的木碗与富裕阶层用的"宝木碗"两种。普通百姓用的木碗一般

宝木"咱"制作的木碗，质地
坚硬，不易开裂生虫，且木纹
自然美观

用核桃树、五角枫、杜鹃木等杂木的树瘤或树根制成，花纹较少，易生虫眼，价格更便宜。而富裕阶层用的"宝木碗"则用一种藏语称为"咱"的宝木制成。关于"咱"，云南藏族有多种不同的说法，有的说"咱"是一种寄生的树瘤，有的则说它是依附在植物周围单独长出来的一种疙瘩，其形状类似于小瓜或木果子，有把，还带皮儿。"咱"不仅在木本植物周围会长，有时在蒿一类的草本植物的根上也会长。用"咱"制成的木碗不仅质地坚硬、花纹好看，有的还具有防毒功能（变质或有毒的食物放在里面会变色）。高品质的"咱"做成的木碗据说轻薄透明，甚至隔着碗身都能隐约看见里面盛装的酒水，其木纹更是细如发丝，更有甚者在暗夜里还会发出淡淡的光泽，加上此物得之不易，藏民便将这种"咱"制成的"宝木碗"视作珍宝，倍加喜爱。解放以前，"宝木碗"只能由活佛、贵族或土司等权贵阶级使用，普通百姓只能用较次一些的木碗，有的穷苦人家甚至没有木碗。不过现在这样的阶级区分已不严格，使用普通木碗还是"宝木碗"主要依据的还是买主个人的财力与喜好。然而，木碗的材质与装饰仍然起到一种将社会阶层符号化的作用，是藏民集中展示其身份和文化的一个载体。

3. 木碗的交换

木碗的流通主要体现在人与人之间的交换上面。主要有物物交换、商品交换、礼物交换、民族间的交换等多种形式。

云南藏区处于"三江并流"世界自然遗产保护区的腹地，生态多样，物产丰富，同时这里也是我国民族文化最多元的地区之一，境内居住有26个民族，其中千人以上的民族有藏、傈僳、汉、纳西、彝、白、回、普米、苗9个。尽管山高路远，云南马帮的脚印也曾深入到这些少数民族生活区域的内部，给他们带去必要的生活物资，又换回一些当地的特有物产。这种交换在中华人民共和国成立以前主要是通过物物交换的形式来体现的。那时人们可以通过木碗去换一些虫草、贝母、皮毛等藏地独有的物产。尽管这种交换具有偶然性，交换的物品种类也有限，但即便在现代商品经济兴旺发达以后，物物交换的形式还是在民间得到了保留。

物物交换有其局限性，商品交换则更为发达。而木碗能作为一件商品进行交换，是与木碗产业的专业化与精细化密不可分的。云南藏族的木碗产业经历了从自产自销，到形成一条产业链的大批量生产，其以货币为中介进行交易，每一个环节的生产更为专业，销售也更便捷。

礼物交换则多数集中在"宝木碗"等"奢侈品"上。一般藏民自己只使用普通的木碗，而将上好的"宝木碗"或包银镶金的木碗送给活佛或权贵阶级。不过这种情况随着云南的解放以及旅游业的兴盛出现了一些新的变化，许多游客会将木碗作为"地方特产"或"纪念品"来购买，尤其是在木碗被列为"非物质文化遗产"之后，其作为礼物的功能更被赋予了新的含义。

木碗在各民族间的交换贯穿于以上几种形式，它不仅为藏民所钟爱，还在藏文化圈中被受其影响的白、纳西、普米等民族广泛使用，并且经过西藏远销到尼泊尔、缅甸等地，甚至在内陆腹地，一些汉族人也学会了欣赏和收藏藏式木碗的珍品。这种族际间的交换或交易，除了给双方带去生活资料的满足和经济利益的互惠之外，也促进了各民族之间的互动与文化的传播。

4. 木碗的多族群性特征

云南藏族的木碗，其原材料来自丽江、维西等林木资源丰富地区，木碗制作者多为藏化的汉族或藏族，木碗漆艺则学自大理剑川、鹤庆的白族，而木碗的使用者多为藏族及其周边民族。可见，木碗从生产、流通到消费的整个过程体现了鲜明的多族群性特征。

首先，制作木碗的原材料主要来自云南的丽江、维西等地，非本地所产，而木材的砍伐者和贩运者多为丽江等地的纳西族和汉族，他们根据制作者的需求砍伐树龄不等、粗细不一、材质不同的木料并简易加工成坨状木坯后运往藏地。

其次，云南藏区制作木碗的匠人主要以藏化的汉族和藏族为主。例如在奔子栏村，制作木碗的工匠主要是藏民，但是在上桥头村，这个村寨的祖先本是清朝的绿营兵，他们的祖籍据说可以追溯到南京的柳树湾，大约在七八代人以前因为中甸设置塘汛而被派到藏地戍守。清光绪吴自修、张翼夔纂的《新修中甸志书稿》有史料可证："……纸房至桥头三十五里，设协防外委一员，额兵八名，由奔子栏汛分设。桥头至奔子栏汛四十里，设汛官把总一员，战兵十七名，守兵四十二名在汛防守，由奔子栏汛分设。"后来清朝覆灭，绿营兵以及塘汛制度废止，这些滞留在上桥头的汉人守兵适应了高原的气候与生活而逐渐藏化，并在此繁衍生息下来。然而，与周边其他藏族不同，上桥头村村民的一些汉人习俗仍然被保留下来，例如他们吃鱼，过汉族春节、中秋节，施行土葬，会修坟墓等。如今，制作木碗已经是上桥头村的一项主要生计方式，他们生产的木碗供应了云南藏区大部分的市场需求，为广大藏民所喜爱。

再者，漆艺来自大理剑川、鹤庆的白族以及汉族。云南藏区的木碗之所以在各大藏区都受欢迎，尤其在西藏具有竞争力，一个重要的原因就在于其制漆及上漆的技艺。过去奔子栏村以及上桥头村的村民只能制作木碗的初成品，木碗车旋出来以后，简单地刷一层核桃油便作罢，但是这样的木碗容易开裂和生虫。奔子栏历来便是茶马古道上

吴自修、张翼夔纂：《新修中甸志书稿》，见《中甸县志资料汇编2》，丽江县印刷厂印刷。

资料来源于 2012 年 7 月 15 日，李志农老师带领的云南大学民族学人类学研究生暑期学校成员在上桥头村做的田野访谈记录。

的一个重镇，来往的马帮会在此停留歇息，奔子栏街上人口流动频繁，也吸引了许多外地工匠在此谋生。据说从某一年开始，这里来了几个会熬制土漆的剑川师傅，人们发现经他们上过漆的木器不仅色泽鲜艳，靓丽了许多，而且木器的外表犹如覆上了一层保护膜，历久弥新。漆艺的好处是显而易见的，但是熬漆和上漆却是师傅的独家秘方，难得外传。奔子栏的藏民想要学到这门手艺，需要拜师学艺当学徒，先干几年打杂的活儿，并偷偷地学，然后才逐渐掌握了这门绝活。

最后，使用木碗的人大部分是藏族，以及受藏文化影响的周边其他民族。奔子栏村和上桥头村所在的迪庆藏族自治州位于滇、川、藏交界地带，是联系各大藏区的咽喉，两村过去是茶马古道的重镇，现在国道 214 穿村而过，优越的地理区位以及便利的交通运输使得本地生产的木碗能够在最短时间内送往各大藏区，甚至通过西藏到达尼泊尔、印度等东南亚、南亚国家。

由此可见，无论是在生产、制作还是在销售使用方面，云南藏区的木碗都不是一个封闭的系统，物的流通往往需要调动各方力量，这恰恰反映了藏民族与其他民族的互动交流以及木碗在制作、流通过程中的多族群性特征。

三

云南藏族的木碗制作

木碗作为一件有形的器物，为保证其形制，背后有一套完整而复杂的工艺流程。云南藏族制作木碗的技艺与其他藏区相差不大，都要经过选材、削段、蒸煮、祛湿、塑形、抛光上漆等过程，而最早的土漆制作技艺则是由云南剑川的工匠带到奔子栏后才传入其他藏区的。另外与木碗制作技艺相似的一些木制品，如糌粑盒、酥油盒等，则还需要绘色、镶嵌等工序。除此之外，云南大理、鹤庆等地白族的包银技艺也在木碗制作中广泛使用。

1. 选材

木碗有普通碗与宝木碗之分，与之相对应它的原材料也分为杂木类与宝木类两种。普通碗由山茶树、野花椒、五角枫等杂木的树根或树瘤制成，宝木类则由藏语中称为"咱"的一种珍稀木材制成。

以奔子栏村和上桥头村为例，他们制作普通木碗经常使用 4 种杂木类的原材料，藏话分别叫作"边咱""达玛""克打"和"拉巴"。

（左）用于制作木碗的树瘤
（右）用于加工木碗的木坯，
当地人称"木坨坨"

"边咱"就是野花椒树，属于槭树科属；"拉巴"就是鸭爪木，又称为五角枫，同属槭树科属；"克打"是杨花木，属于杜鹃花属，有毒性；"达玛"又叫"达朵"，同属杜鹃花属。这类杂木的树根或树瘤制成的木碗花纹较少，容易生虫，但足以满足绝大多数普通藏民的需求。

见李旭：《香格里拉上桥头村文化资源调查》，载郭家骥、边明社主编的《迪庆州民族文化保护传承与开发研究》，云南人民出版社，2012年7月版，第100页。

宝木碗是用藏语里称作"咱"的一种木材制成的。据说"咱"不是寄生的树瘤，而是一种在植物周围单独长出来的木果子，形状有点儿像疙瘩状的小木瓜，它不仅在木本植物周围会长，有时在蒿一类的草本植物的根上也会长。因为"咱"质地坚硬、不易生虫，藏民便试着将它做成木碗，一开始这是出于实用的目的。后来他们发现，用"咱"制成的木碗不仅质量上乘，它的花纹还很好看，灵动剔透的外表散发着宝物的光泽，赏心悦目，因此它还具备了审美功能。再加上"咱"得之不易，藏民便将它制成的"宝木碗"视作珍宝，倍加喜爱。藏语中有"人间的宝贝是活佛，树木里的宝贝是'咱'"的谚语可供佐证。

奔子栏村和上桥头村制作木碗的原材料主要来自附近的丽江、香格里拉（如三坝乡）、维西等地，除此之外，有的原材料也来自四川、西藏等地，滇西的德宏州、西双版纳州和滇南的红河州等森林覆盖率较高的地区以及尼泊尔等国家有时也能供应。

原材料的好坏会直接影响到木碗成品的质量，需要小心选择，因此如何获得好木材是木碗作坊主最关心的问题之一。解放以前，木碗属于稀缺物品，产量不大，价格昂贵，原材料一般都是制作木碗的人自己上山砍的。改革开放以后，随着木碗产业的兴起、发展与兴盛，木碗出现"供不应求"的现象，制作木碗和买木碗的人越来越多，对原材料的需求也很大，专门上山砍挖木头提供原材料的人也应运而生。由于奔子栏村和上桥头村在云南藏区制作木碗有悠久的传统，远近林产区都知道他们对木材的需求量，因此会有人直接带着原材料来卖。有的挖木头的人和木碗作坊主形成了长期合作关系，打个电话说要多大尺寸、多少数量的木坯，对方就会按照要求去挖，并将其削成头大脚小的模样，供他们成批购买。

2. 削段

　　木碗作坊主获得原材料以后，要先进行初加工。先将大块的木坯按照比例切割成小块，再用手斧砍成头大脚细的形状，木纹尽量与底面垂直才不容易开裂，中间挖空，尽量不造成原材料的浪费。这种初加工成的木坯，被云南藏族用汉话称作"木坨坨"。

（左）用手斧初加工木坯
（右）初加工后的木坯

3. 蒸煮

　　砍削好的木坯在使用之前需要经过开水蒸煮，这是由于木材在生长的时候，树干因年轮、含水量不同等原因存在色差，而在蒸煮的过程中，材心与边材的含水量会逐步趋同，可以明显减小色差，因此蒸煮后的木坯颜色也会变深。同时，木坯经过蒸煮以后，缓解了木材初始含水率的梯度差，从而能够有效地减小木材在今后加工与使用过程中的开裂概率，并保持木材自然的光泽。

　　蒸煮的具体方法是，将砍好的木坯放进加满水的汽油桶里，下面

用木柴大火加热，一只 158 升左右的汽油桶能装 100—150 个木坯，每次大约蒸煮两到三小时。这种人工蒸煮的方法虽简易，但如何摆放木坯、加多少水、火候大小及蒸煮时长的经验是需要长时间反复操作积累的。

4. 祛湿

　　蒸煮后的木坯需要祛湿，这也是防止木材开裂、保持木头原色的必要步骤之一。煮后将木坯捞起，搬至一个不通风不被阳光直晒的房间阴干。起初是在房间内将木坯垂直间隔垛放，等水沥干，然后再把它们铺开阴干，这个过程往往需要两个月左右的时间。有条件的也可以直接用机器烘干水分。

5. 塑形

　　木坯经过蒸煮、祛湿以后就可以塑形了。塑形是要通过机械与手工协作的方式将木坯旋出碗的形状来，这一步在整个工序中既最基础又最关键。车旋木碗之前要先熬制松香，然后用火将松香熔化，整理

〔左〕车旋木碗雏形
〔右〕用砂纸打磨木碗使其更光滑

成饼状，以便使其将木坯与机器黏合，最后再用凉水冷却固定。车旋木碗时，先用粗刀将木坯整理成碗的形状，再用细刀打磨口沿、底座等细节部分。这一过程伴随着木屑的飞扬，需要木工集中精力、反复练习才能掌握其中的诀窍，碗的大小、高矮胖瘦也都在这一过程中决定了。车好的木碗要用砂纸初步打磨，最后再用刀锯将带底座的木碗与松香分离，然后用手斧砍掉底座。

过去制作木碗，用的是人力脚踏板，通常需要两人以上的劳力合作，一人踩踏板，踏板产生动力带动皮带，皮带使机器旋转，另一人便在机器的另一头车旋木碗，这样比较费时费力，做工也较粗糙。现在则改用电动机，效率和质量大大提高，一个口径 10 厘米左右的木碗往往几分钟就能旋出，大约就是一支烟的时间；而大一点儿的糌粑盒，因为体积大，还需接合各个部件，工序更复杂，则要数十分钟。一般情况下，一个熟练工匠一天可以旋 80~100 个木碗。

6. 抛光

刀斧砍削后的木碗，表面会留有一些细纹，抛光就是要用粗细不

（左）用牛皮胶或白乳胶补碗
（右）上漆

同的几种规格的砂纸将这些细纹磨平，降低粗糙度，以获得光亮、平整的碗面。然而，木碗在车旋的过程中，除了宝木碗的材质较好可以一步到位以外，遇到木材硬度不一或有虫眼裂纹的木材时容易发生开裂现象，这时就需要补碗。通常而言，需要补的碗比例约为80%。用牛皮胶或白乳胶进行修补，之后再用砂纸进行打磨，这个过程需要反复操作3次左右。最后再给抛光后的木碗刷上一层核桃油润色。

7. 上漆

木碗经过塑形以后，得到一个初成品。为了使木碗不易开裂、纹路突出并经久耐用，一般会给木碗上漆。过去奔子栏村和上桥头村的漆匠都是给木碗刷土漆，现在则大部分改用化学聚酯漆，也就是市面上所说的清光漆。

土漆的原料通过自己砍挖收集（一般是去山上刮漆树或桐子树的胶）或从市场上购买得到。一般买来的土漆都是生漆，生漆需要熬成熟漆才能使用，这个过程往往需要三天三夜，工艺复杂，时间很长，因而产量也低。清光漆直接从市场上买来，刷得快干得也快，简单易操作没有太多技术含量，出货快，产量也更高。然而，刷土漆的木碗，漆色自然亮丽，木纹清晰透亮，使用起来更健康，多年使用以后用抹布一擦，仍油光闪烁，历久弥新。而刷清光漆的木碗，颜色深沉晦暗，时间长了容易掉漆，直接使用也不健康，因此这样的木碗多被作为工艺品来观赏。

熬漆是一项技术活，也是漆艺中颇有讲究的一道工序。土漆需要熬煮，其原料主要是生漆和桐油。奔子栏村和上桥头村的生漆大多买自剑川和兰坪。桐油分为大小两种，加大桐油熬出的漆，漆色偏黄；而加小桐油熬出的漆，漆色偏绿；加桐油的目的是为了提色亮漆。熬漆的过程通常需要三天。具体工序如下：

第一天在生漆里兑水，生火在锅里煨熬，这需要从早到晚一整天的工夫，其间要将漆里的渣滓过滤掉。第二天在漆里配上一定比例的桐油，再熬煮一天。这一天很关键，要能够从漆里冒出的泡沫的多少，来决定掺水多少；而兑水的多少，又直接决定着土漆的黏稠度，太稠太稀都很难使用。第三天生漆已熬成熟漆，要往熟漆里配未熬过的生漆，当然，配生漆的比例是关键性技术，它决定着漆的干度，配多了生漆就会令漆色发黑发绿，配少了土漆就干燥得慢，容易粘上灰尘，使漆色失去亮度。因此，一定要配兑合适，才能有好的漆色，而好的漆色，才能凸显木器的花纹。经过整整 72 小时，土漆熬成配好后，用牛皮纸封盖，用时掀开纸，以特制的刷子上漆。漆刷用牦牛尾巴毛制成。据说用马尾巴毛做的也可以用。但购买的现成油漆刷子太软，刷土漆时会刷不开。

见李旭：《香格里拉上桥头村文化资源调查》，载郭家骥、边明社主编的《迪庆州民族文化保护传承与开发研究》，云南人民出版社，2012 年 7 月版，第 104 页。

除了熬漆，上（刷）土漆也是一道复杂的工序。简单来说，先用自制的牦牛毛刷子上一遍土漆，然后把它置放于"阴塘"（阴房），用沾水的毛毡包裹，滤水阴干。阴干的时间根据天气变化有所不同，譬如晴天需要 2 天左右时间，而如果是下雨之类的潮湿天气，则需要 3~4 天。一般上漆的藏族家庭都有一间专门用于阴干木碗的房间，一定要起到避光和干燥的作用才行。木碗阴干以后，便从"阴塘"取出放到太阳底下曝晒。如此反复刷三遍左右，一个木碗上好土漆就需要一周左右的时间。

刷清光漆则更简易，买来的化学漆不用熬煮，有刷子就可以直接刷，刷好一遍以后放在太阳底下曝晒，3分钟左右就干了，然后再刷第二遍，如此反复3~4次，一个木碗就算刷好了。

8. 绘色

木碗在上漆的过程中可以加入一些颜料作为底色，比较常见的有金色、黄色、红色和黑色。金色、黄色专为僧人使用，红色、黑色则为普通藏民使用，二者不可混淆。过去绘色用的颜料多为朱砂、金粉、铜粉等矿物质颜料，大部分采自金沙江。画工将有颜色的矿石研磨成细粉后，掺入一定比例的水，就可以用刷子上底色，或用毛笔绘画了。一般来说，木碗只上底色不绘画，酥油盒、糌粑盒等木制品则多描花纹。

从地域上来看，上桥头村除了鲁茸卓玛专注于漆艺与绘画以外，其他作坊都以生产木碗的初成品为主。而奔子栏村则收购这些初成品来进一步加工，如上漆、绘色、镶嵌等。当然，奔子栏村收购的初成品不完全来自上桥头，本地附近的夺通、着通、子仁等村木材丰富，以前为奔子栏村提供原材料木坯，现在也卖木碗的初成品。

然而，奔子栏村的绘画技艺并非历来就有，我们对村民进行访谈时发现，他们有关绘画的历史记忆最远能追溯到西藏拉萨。比如上桥头村的鲁茸卓玛，她的漆艺及绘画是由其公公，也就是著名的木碗制作艺人知诗孙诺（汉名王汉青）教授的。知诗孙诺在民国时期就曾受邀，去到拉萨的寺院漆碗、画经堂等（县志的记

绘画精美的糌粑盒之一

使用土漆绘色并贴金箔的糌粑盒看上去华丽精致，富有层次感

见李旭：《香格里拉上桥头村文化资源调查》，载郭家骥、边明社主编的《迪庆州民族文化保护传承与开发研究》，云南人民出版社，2012年7月版，第87页。

载是去拉萨学习绘画和漆艺）。又如奔子栏镇书松村的东竹林寺有一个喇嘛今年40岁，也是绘画大师，他从15岁开始做学徒，也是跟着西藏拉萨的师傅学画唐卡，奔子栏的画工又跟着他学绘画。

糌粑盒、酥油盒等木制品的绘画一般以八瑞相（宝伞、金鱼、宝瓶、妙莲、右旋白螺、吉祥结、胜利幢、金轮）、八瑞物（宝镜、黄丹、酸奶、长寿茅草、木瓜、右旋海螺、朱砂、芥子）以及龙、狮、虎、马、鹿等藏传佛教的经典符号为主，其他还吸收了汉族的寿、长城，大理白族的龙纹、卷草纹、宝相花及莲花纹、虫纹和鱼纹等抽象图案，以及丽江纳西族东巴经典中的日月星辰、木石等纹饰。这些图案的使用有一定的讲究，比如在奔子栏村，有一种被当地藏话称作"边玛"的图案，分粗细两种，象征的是菩萨的莲花底座，这种图案就只能画在碗底而不能画在其他地方。

奔子栏村现年已经75岁的扎巴老人是迪庆州非物质文化遗产木器制作的传承人，木制品的制作到他这辈已是第三代了。他的爷爷由于家境贫寒，很小年纪就在奔子栏给一个从剑川来的木制品艺人打杂工，并偷偷学会了很多剑川木匠秘不外传的独家技艺，熟练掌握了木碗、糌粑盒、酥油盒、藏式折叠桌等木制品的制作和加工方法，后来又学习掌握了经堂壁画的绘制技艺，成为奔子栏地区有名的匠人。

在扎巴老人家中，我们看到了他自己做的一个糌粑盒，上面描绘了形态丰富的各式图案。如糌粑盒顶绘有牡丹花，糌粑盒盖上绘有龙、山、海、宝的抽象图案，盖尾绘有"藏八宝"中的五宝，底盖上则是一条象征"北京的围墙"（即长城）的线条。扎巴说，藏族人一开始是不在糌粑盒上画图案的，后来开始画，是为了"送给菩萨"、为了"来世好"，除此之外，他们平时转经、拨念珠，也是为了修来世的福报。即是说，在糌粑盒、酥油盒上绘画的主要功能，除了美观以外，更重要的还是藏民心中有信仰，要献神、娱神。

① 扎巴自制的糌粑盒上的图案
盖上的龙
② 盖上的海螺
③ 盖上盛有宝物的碗　盖上的
铜镜
④ 顶上的牡丹花

镶金包银的木碗，底部花纹即
是"边玛"

9. 镶嵌

　　镶嵌的具体操作方法是，在上好土漆、刷过底色、描好花纹的木碗上，使用银箔或金箔等材料填充图案的纹路，贴好银箔、金箔以后刷一遍土漆固色，有必要时可以再贴一层，然后再刷漆。其目的是为了使木碗显得更加层次分明、华美厚重。

10. 包银

　　在云南藏区，奔子栏村和上桥头村出产优质的藏式木碗。然而，除了本地藏族银匠以外，这里最出色的木碗包银工艺，更多是来自鹤庆的白族工匠。

　　藏式包银木碗的錾刻雕花工艺主要是在碗托部分呈现。雕花前，

精美的镶金包银木碗

先在碗托内灌铅；雕錾时，其下应垫以具有受力缓冲功能同时又助于
稳固碗托不致挪移的构件（如皮垫子、两块固定好的木墩等）。执錾
的手势为：大拇指与食指把捏錾柄，不宜太紧，要能灵活转动，中指
与无名指分别把持錾端上下位，稳定錾端位移，小拇指紧跟无名指，
辅助把持。无名指与小拇指指肚应触到器件表面，感应曲面变化，使
整体手位机动控制执錾角度。

曹秉进著：《云南鹤庆白族银器工艺》，云南大学出版社，2012 年 8 月版，第 75 页。

通过雕錾工艺，包银木碗呈现了许多意象美好的图案。譬如大号
木碗的底部錾花，多用龙形图案，造型多变，气韵生动。而用于饮酒
的小号木碗，包银碗底则錾以花朵图形，玲珑雅气。碗座周身的刻纹
则以花草为主，是典型的二方连续图案构成。体号较大的木碗也会在
碗座上装饰藏八宝图形，但图案构造与碗肚部分的藏八宝图形不同。
碗座里面与碗底的交界处装焊着一组花丝银线，多是一粗一细。这组
花丝银线既起到装饰的作用，又可以保护容易受到磨损的碗脚。

曹秉进著：《云南鹤庆白族银器工艺》，云南大学出版社，2012 年 8 月版，第 76~77 页。

一般而言，大号碗的八宝图案是以"米"字方位均分在碗肚周围，
小号碗则只錾四宝，按"十"字形均分在四个方位。八宝之间刻以草
叶纹饰。雕花时先雕八宝，再刻间隙草叶，先主后次，先塑形体，再
收细节。碗托上口以圆齿纹收边。圆齿轮廓向内扩延可变化出很多样
式，如云头纹、花瓣、复合花边等边饰。作为碗底花丝线边的呼应，
此处也常以錾刻的方式处理绳纹线条，结构分割清晰，节奏明确。

曹秉进著：《云南鹤庆白族银器工艺》，云南大学出版社，2012 年 8 月版，第 78 页。

包银木碗除了运用银包碗托工艺以外，还运用了碗芯包银工艺。
后者全靠一张圆形银皮的延展收放来实现。首先，是根据碗口大小剪
裁圆形银片，再根据木碗的形制翻制碗芯模具，圆形银皮置于阴模阳
模中锤铳出碗芯雏形。此时捶铳后的银皮还有较多褶皱凹凸，包边外
喷，单靠锤铳还无法实现碗边包口的向后翻折。这时就需要用工具依
碗边敲打竖翘的银皮，使其翻折直至包扣碗边。当包银碗芯固定后，
须对碗芯内壁进行碾压，以去除雏形上的折痕，使碗芯更加贴紧木碗

曹秉进著：《云南鹤庆白族银器工艺》，云南大学出版社，2012 年 8 月版，第 79 页。

曹秉进著：《云南鹤庆白族银器工艺》，云南大学出版社，2012 年 8 月版，第 86~88 页。

曹秉进著：《云南鹤庆白族银器工艺》，云南大学出版社，2012 年 8 月版，第 90~91 页。

内壁。此外，还有一些必要的辅助工艺，如齐修边口、打磨抛光、点装碗心等。需要说明的是，这里说的装点碗芯的饰物呈圆形，直径不过七八毫米，质料比较特殊，很薄，是由金银皮贴合压制而成的，一面为金，一面为银。银面贴碗芯正中底，金面外饰，其上錾揲花朵等放射状构成的图形，即是前文提到过的纹饰"边玛"。

另外需要注意的是，藏族木碗包银镶金有一定的讲究。解放以前，除了达官贵族与活佛高僧以外，寻常百姓没有财力也不允许使用包银镶金的木碗，不同社会等级之间的界限十分严格。新中国成立以后，家境富裕的百姓可以使用镶金包银的碗，但鉴于藏传佛教的信仰，他们更愿意将木碗镶金包银后通过送给活佛来献给菩萨。僧人不能使用镶金包银甚至是上漆的木碗，即便是现在，个别喇嘛出家时，家里会为他准备一个私下吃饭用的好碗，僧侣们在大殿里喝茶、吃饭时，也禁止使用包银镶金的木碗，因为这样会被视为对佛祖不敬。

从选材、砍削木坯到车旋木碗，是木碗成型的初加工步骤。而上漆、绘色、镶嵌乃至镶金包银，则在融合了各行技艺的同时，又赋予了木碗更多的文化含义，这正是许多人将其视作一件工艺珍品的原因。然而，制作木碗的这一套工艺流程在传承上也存在着流变。"木碗之乡"老一辈的匠人还会全套的生产流程，但随着社会分工越发精细，村里 40 岁左右的中年人以及年纪更小一些的年轻人，则是会旋木碗的不一定会刷土漆，会刷土漆的不一定会绘画，这即是说，在今天的木碗生产者中，越来越多的人只是精于其中一部分工序了。

木碗与生计

1. 云南藏区的地缘区位与木碗市场

云南藏区地处横断山脉腹地，滇、川、藏三省（区）交界处。东与四川稻城县、木里藏族自治县接壤；南界丽江市玉龙县及怒江傈僳族自治州的兰坪、福贡县；西与西藏自治区的左贡、察隅县以及云南省怒江州的贡山独龙族自治县毗邻；北与西藏自治区昌都芒康县及四川省甘孜藏族自治州的巴塘、得荣、乡城县交错接壤。这里不仅是滇省人民前往西藏的必经之地，还是联结各大藏区的咽喉，历史上这里更是众多民族南来北往、迁徙流动的场所。

交通方面，国道214线贯穿云南藏区全境。国道214线起自青海省西宁市，经西藏昌都，于滇藏边界隔界河进入云南迪庆，经过迪庆藏族自治州、丽江市、大理白族自治州、普洱市和西双版纳傣族自治州6个州市，纵贯滇西，至西双版纳州首府景洪。国道214线在云南境内的路段称隔景公路。在迪庆境内分丽中公路、中德公路、德盐公路三段修筑，于1956年8月开工，1960年12月全线通车，全长413千米。除此之外，迪庆州境内还有多条省道、县道与国道相连，而省道、县道不及的偏远村落，则有马帮走过的驿道深入腹地。

森林资源方面，截至2007年，迪庆州有林地188.38万公顷，森林面积171.31万公顷，森林覆盖率达73.95%，活立木蓄积量241296670立方米。这里是云南省重点林区之一，也是西南林区的富集蕴藏林区。但在奔子栏以南，金沙江两岸的干热河谷地带，降水量逐渐递减，这里海拔较高的山以砂石质土壤为主，地势陡峭，不适宜植物生长，比较常见的是仙人掌、刺树以及一些对水分和有机质肥要求较少的垫状植物，属于少林缺材地区。由此可见，奔子栏村和上桥头村的木碗生产主要依靠的是地缘区位和交通运输的优势，而非林木资源优势。

奔子栏村与上桥头村坐落在金沙江边，依山傍水而建，村落呈现

迪庆藏族自治州地方志编纂委员会编：《迪庆藏族自治州志（1978—2007）》，云南人民出版社,2014年版,第45页。

迪庆藏族自治州地方志编纂委员会编：《迪庆藏族自治州志（1978—2007）》，云南人民出版社，2014年版，第414页。

迪庆藏族自治州地方志编纂委员会编：《迪庆藏族自治州志（1978—2007）》，云南人民出版社，2014年版，第278页。

出典型的沿河流带状分布的聚落形态。由于靠近水源和交通要道，这两个村寨历来便是茶马古道上的重镇，来往的马帮在此歇脚卸货，将各地的物资汇聚一处，贸易景象繁盛一时。现在，国道214贯穿两村境内，奔子栏村在德钦县奔子栏镇，上桥头村在香格里拉市尼西乡，但两地相距不到8公里，坐车20分钟左右就到了。由于奔子栏村与上桥头村都属于少林缺材地区，本地制作木碗，原材料一般来自附近的丽江、香格里拉以及维西等地，滇西、滇南生长的大量优质木材以及更远一些地方的森林资源也通过便利的交通运往此地。而当木碗在奔子栏和上桥头生产完成以后，又通过国道214运往全国各地，主要是销往四川和西藏，再通过这两个地区辐射各大藏区，乃至尼泊尔、缅甸等国家。

　　云南藏区的地缘区位及其在交通运输方面的优势，为木碗市场的兴起、发展与繁荣提供了便利。而木碗之所以能从传统的手工业发展到今天集生产、销售、展览为一体的产业链，更与木碗制作的历史传统、国家开放市场经济、现代生产技术的应用、藏族民俗的刚性需求乃至伴随旅游业而兴起的游客选购等因素密切相关。

奔子栏村落风光

奔子栏附近的山以砂石质土壤为主，地势陡峭，不适宜植物生长

作为远近闻名的"木碗之乡"，奔子栏村与上桥头村制作木碗具有悠久的历史传统，并且他们对这项技艺的历史记忆大多来自西藏。上桥头的村民告诉我们，当年村内有一位冯姓先辈名叫阿大六，此人不仅有智谋、有胆识而且敢闯。上桥头村是清代绿营兵汉人的后裔定居后逐渐藏化的一个村寨，限于地形，村中人均可耕地极少。为了生计，阿大六跟随马帮的一位马锅头前往西藏拉萨做买卖，并在那里学会了有关木碗、藏桌、藏椅等传统藏式木制手工艺品的技艺。技艺熟稳后他回到上桥头村，并将这项技艺在本地传了下来。漆艺的历史记忆则大部分来自大理剑川、鹤庆等地。据奔子栏的村民说，当年奔子栏作为茶马古道的重镇，街上有许多外地来的客商，其中有一部分就是从大理剑川、鹤庆等地来的白族人和汉人，他们会漆艺，奔子栏的藏民便跟着他们学这门手艺。漆艺一开始是不外传的，他们跟着师傅当了好几年学徒，才半打工半偷学地掌握了这一门手艺。后来，人们发现奔子栏上过土漆的木碗驮到西藏去特别好卖，并且售价也高，也是因为漆艺才打开了销路，这也是云南藏区制作的木碗的优势之一。

1978年以前，木碗属于云南省商业厅规划列为地州管的48种"民族特需商品"之一。据《迪庆藏族自治州志（1978—2007）》统计，1977~1978 年 6 月底一年半的时间里，全州民贸（民族贸易）收购当地生产的木碗达 21544 个，银木碗则有 27 个。1978 年中共十一届三中全会召开以后，开始实行市场经济，许多民族特需商品便能从市场上买到了，木碗同样如此。

迪庆藏族自治州地方志编纂委员会编：《迪庆藏族自治州志（1978—2007）》，云南人民出版社，2014 年版，第 522 页。

木碗适应于藏族的生产生活而出现，本来就是一件普通的日常餐具，藏民用它来喝酥油茶、揉糌粑，因为它轻便耐用、隔热保温，便时时揣在怀里，带在身上。因此，因为这种藏族民俗及其形成的饮食文化，木碗的主要消费群体仍是各大藏区的藏民，尤其是牧区藏民，几乎人手一个。

另外，伴随着云南省旅游业的兴起，购买各类具有民族特色的"本地特产"，成了游客们热衷的消费时尚。1994 年，根据省政府迪庆扶贫现场办公会提出关于在迪庆"建立以雪山、峡谷、草原等高原风光和民族风情为特色的旅游开发区，纳入滇西北旅游区进行统一规划"的要求，从迪庆独具高原特色的旅游资源优势出发，州委、州政府已把发展旅游业作为迪庆对外开放中的先导产业。数据显示，仅 2007 年，迪庆州就接待国内外游客 381 万人次，其中接待海外游客 40.98 万人次，实现旅游社会总收入 32.4 亿元人民币。因此，木碗不仅是

迪庆藏族自治州地方志编纂委员会编：《迪庆藏族自治州志（1978—2007）》，云南人民出版社，2014 年版，第 745 页。

（左）上桥头村落风光
（右）上桥头村落一角——岗曲河上的红军桥

藏民生活中的必需品，对于游客而言，更增添了一丝异域文化的特征。木碗不仅具有经济价值，更具有文化内涵。

历史上，由于藏区存在文化传统与等级的限制，只有一小部分权贵阶级能够使用木碗，在此环境下木碗是一种稀缺商品。中华人民共和国成立以后，木碗被纳入民族特需商品之一，属于计划经济体制，同样只能在小范围内流通。1978 年，国家开放市场经济以后，木碗虽然能够在市场上买到，但供远小于求，无法满足广大藏民的日常生活需要。时至今日，木碗又被列为非物质文化遗产名录，国家在保护这项技艺的同时，也赋予它新的文化价值，木碗以"旅游纪念品""民族特产"的新身份，在全球化的浪潮之下，从地方走向了世界。

2. 木碗的产业化发展

奔子栏村与上桥头村有不少专门从事木碗加工制作的家庭，但大多是以手工作坊的形式存在。以上桥头村为例，据 1997 年出版的《中甸县志》记载："民国期间，尼西上桥头、行多两村产木碗、木盒……旧时，木碗、木盒产量少，供应县内为主。1950 年，尼西上

奔子栏村鲁茸益西家的木制品
展厅一角

桥头、行多共39户，家家利用农闲生产木碗、木盒，年产两千余个，供应县内为主，部分销往西藏、甘孜、丽江、大理等地……1958年，工匠加入农业合作社，参加农业生产，木碗、木盒产量下降。1961年，成立尼西木碗生产合作社，有工匠17人；上桥头、行多二村有16人以制作木碗、木盒为主，兼做农活。1971年，尼西木碗合作社有18人，产木碗、木盒2.37万个，产值1.2万元。1972年，云南省轻工厅将尼西产木碗、木盒列为省管产品，给予资金、物资支持。1977年，省轻工厅无偿调给尼西木碗社新中国成立牌载重汽车一辆，帮之改善生产条件。"

段志成主编《中甸县志》，云南民族出版社，1997年8月版，第600页。

"1981年初，尼西木碗社由上桥头迁至县城北郊旺池卡。当年，成立中甸民族木碗厂，县轻工局主管，集体企业，财政拨款6.12万元，兴建木碗烘烤台、晒场、锯木、旋制、油漆间等厂房936平方米，宿舍388平方米；购电动机等设备，年末投产，有职工22人；旋制木碗改人工操作为电动轴架旋制，木坯由刀斧砍凿改为割锯加工，劳动强度明显减轻。1982年，县木碗厂实行计件工资制，将生产任务落实到人，超产奖30%，完不成任务赔40%，全年产木碗、木盒3.16

老照片中在上桥头木碗厂工作的师傅

（左）上桥头村木碗作坊里正
在旋碗的学徒
（右）上桥头村民正在补碗

段志诚主编：《中甸县志》，
云南民族出版社，1997 年 8
月版，第 600 页。

万个，产值 7.9 万元，利润 0.81 万元。1986 年，香格里拉县木碗厂
停业，人员回乡，转由个体生产木碗、木盒。1990 年，恢复民族木
碗厂生产，国家轻工部拨款 10 万元，扶持中甸民族木碗厂扩大再生产，
当年，产木碗、木盒 2.01 万个，产值 6.86 万元，销售收入 5.7 万元，
利润 1 万元。生产品种增加木酒杯、茶桶、围棋盘 3 种。个体生产木碗、
木盒者，多分布于尼西上桥头、行多二村，年产木碗、木盒 5000 个
左右。"以上文献资料大体反映了 20 世纪云南藏区木碗产业的发展
情况。可见，木碗的生产经历了从传统的手工制作到现在的机械化生
产的过程。从云南藏区的地缘区位，以及奔子栏、上桥头村的地理位
置和制作木碗的历史传统来看，它们在交通、资源以及市场方面具有
明显的竞争优势，只要有充足的资金和相关的技术，就能生产木碗。

奔子栏村与上桥头村的木碗厂商主要采取的是带学徒与雇佣熟
练工的形式来解决生产木碗所需的劳动力的问题。一般木碗厂商或作
坊主都是既具备资金又熟练掌握木碗工艺的人，他们收学徒，免费教
给他们技术，并提供一日三餐和必要的烟酒茶，学徒则免费为其工作，
等掌握技术以后，则可以留下来给老板打工。工资有的按天计，有的

修补木碗的场所

按生产件数计。按照木碗制作的特点，雇工的类型分为旋碗、补碗、上漆多种，工作内容不同，工资也不相同。譬如旋碗，上桥头村刚刚掌握技术的雇工，每天能旋 30 个左右木碗，每个得 1.5~2 元的工钱；熟练工人每天能旋 50~80 个，每个得 2~3 元工钱。如果是旋酥油盒、糌粑盒等大件物品，工艺高，费时长，工资也会上涨，大约是 7~8 元一个。也有的是直接按天给，旋碗 100/ 天，补碗、漆碗 80 元 / 天。一般情况，旋碗等粗重活儿大多是男人们在做，女人们则主要负责补碗或者上漆。学徒与雇工大多是本村或邻村的村民，这样，木碗产业的发展不仅有充足的劳动力，还解决了一批人的就业问题。

根据笔者 2014 年 8 月 24 日在上桥头村对廖文华的访谈以及 8 月 29 日在奔子栏村对鲁茸益西的访谈所得。

木碗生产出来以后，还要销售。奔子栏村与上桥头村的木碗厂商一般通过以下几种途径来销售木碗。一种是有熟悉的货商自己打电话来订货，先支付一定的定金，等木碗生产好以后，他们再开着卡车来拉货去卖，并支付余下的货款。另一种是自己开店售卖。譬如在上桥头村，国道 214 旁就开着好几家木碗店。其中，廖永秀与农布家还给自家的木制产品注册了公司和商标，公司名为"龙霸木制手工艺品有限公司"，注册于 2006 年 6 月 6 日，产品商标为"旅龙牌"，注册于 2009 年。而出生于 1952 年的王友贵，则大约在 2005 年时，就在国道 214 边自己开垦出的一块菜地上建了几间房，开了一家名叫"茶马古道民族手工艺店"的木碗店，向过往的游客销售木碗等产品。除此之外，在奔子栏村，还有许多有实力的木碗厂商与作坊主，将木碗店开到了中甸、德钦等县城的街道上去。奔子栏村的鲁茸益西经营着"益西藏文化产业有限公司"，并推出"益西藏木"这一民族手工艺品牌。他不仅在自家四层楼修葺一新的藏式房屋内设置了木碗作坊，还专门开辟出一间 200 平方米左右的空间用于摆放自己制造与收藏的木制产品。除此之外，2013 年奔子栏"8·28""8·31"地震以后，鲁茸益西在修复自家住宅的同时，还投资两百万元将附近的果园开辟出来修建厂房。他预备将村里的一些老艺人集中在一起生产木制品，融木碗、服饰、雕刻、银饰与藏餐、住宿为一体，宣传奔子栏的藏文化，以木碗产业带动旅游观光业发展。该厂于 2014 年 10 月份动工，预计 2015 年 3 月开业，届时预期年产值约在千万元以上。鲁茸益西将木碗的产、销、展整合在一起，开创了木碗产业发展的一个新方向。

3. 木碗制作的经济收益

上桥头村隶属于香格里拉市尼西乡幸福行政村，属于半山区干热河谷地带。村中有耕地 34.92 亩，其中人均耕地 0.23 亩。2009 年底上桥头村组共有 42 户 179 人。据村长廖文华介绍，截至 2014 年，在这 42 户人当中就有 17 户专门从事木碗生产，并且他们的年产值都在 20~30 万元左右。

上桥头村的主要经济类型为外向型经济，村民的生计方式主要依靠木碗加工、交通运输、外出打工三类，其中村落内农业、林果业、养殖业（家户自有牛、羊、鸡等牲畜）主要满足自我需求，在小范围

根据尼西乡政府文件对尼西乡幸福村上桥村村民小组的介绍所得。

内成为家庭收入的补充。除此之外，村内还有1户养殖业、2户餐饮业、1户建筑木工业三种补充类型。总体上，上桥头村耕地稀少，农牧业自然资源条件差，但村里的人力资本、社会资本积累较多，发育程度较好。

村内木碗加工获利丰厚，每户每年的纯收入最少在5万元以上，最多的差不多有50万元左右，大部分加工户则稳定在10~20万元之间。即便是村里没有资本从事木碗加工的雇工，每年的年收入也有10多万元。尤其是2013年川滇交界处发生了"8·28""8·31"地震以后，上桥头村的耕地、房屋破坏严重，无法继续传统的农耕或放牧，村里大部分的闲散劳动力全部加入木碗生产的行当之中，加工木碗也成了他们的主要经济来源。

奔子栏村隶属于香格里拉市奔子栏镇奔子栏行政村。整个奔子栏行政村下辖古龙不通、古龙通多、古龙普社、古龙尼都、尼顶、石义、扎冲顶、白仁、农利、尼吉格上、尼吉格下、习木格、下社、哈丛、争古、格浪水、角玛、追古、咱归、尼加、说各、撒玛等22个社。截至2013年12月，全村共有560户，人口3207人。藏族占全村人口的90%以上，另有少数嫁到此地的白族、汉族、纳西族等其他民族。由于海拔落差较大，在奔子栏地区的22个自然村中，形成了基本上以农业与半农半牧并举的两种基本生计方式。目前全村人均耕地面积约为0.56亩，人均农业收入约为3670元。

位于金沙江干热河谷地区海拔2000多米的农利、尼吉各上、尼吉各下、习木格、下社、格浪水、争古、角玛、撒玛等自然村寨主要从事的是农业生产和松茸等野生菌的采集业。主要粮食作物有玉米、小麦、青稞、甜荞、苦荞等，一年有两季收成。水稻也曾经是这里的一种重要作物，而且有较高的收成，但由于水源紧张，2005年以后已经不再种植。主要蔬菜有青菜、白菜、番茄、洋芋、萝卜、辣椒、南瓜、葱、蒜、豆角、丝瓜等；经济作物有黄豆、白芸豆、核桃以及黄果、梨、石榴、桃、李子、杏子、柿子、葡萄、西瓜等水果。葡萄种植自 2003 年开始在奔子栏推广以后取得了较好的效益。通过"政府 + 企业 + 农户"的模式逐渐成为奔子栏村民一个可靠的收入来源。而位于海拔 3000 米左右高寒地区的普社、尼都、布通、通多、追古、咱归、尼加、说各等社由于可耕地面积极其有限，农作物一年一熟，主要从事牧业生产和松茸等野生菌的采集业和少量的农业生产。总体而言，目前农牧业生产在奔子栏村民收入中仍占据主要地位，但由于近年来旅游业的发展，其比重在逐年下降。

木碗加工产业在生计多样的奔子栏村并不占据主导地位，但作为一项重要的生计方式，利用奔子栏的地缘区位优势和交通运输优势，其经济收益在当地仍然相当可观。鲁茸益西家的"奔子栏残疾人手工艺木制品厂"算得上是整个奔子栏镇最大的一家木碗生产作坊，其年产值在百万元以上，纯利润达 30~40 万元。而阿楚的民间木制品加工厂，纯利润则可以达到 40~60 万元。目前，由于国家推行天然林保护政策，传统的手工木器制作原料越来越少，价格不断上涨。奔子栏村的扎史保从台湾引进了两部压制糌粑盒的机器，花了 10 多万元自己办了一个加工厂，极大地降低了生产成本。

木碗与生活

1. 日常生活中的木碗

木碗作为一件饮食器具，它应藏民的需求而生，自然带着浓厚的生活气息。藏民对它的喜爱是显而易见的，藏语里流传着一些与木碗相关的歌谣，如《情人若是个木碗》唱道："带着情人吧，害臊；丢下情人吧，舍不得。情人若是个木碗，揣在怀兜里多好！"又如四川巴塘地区的《我有一个拉马走的木碗》："我有一个拉马走的木碗，将它放在我的身边，若不能装到好吃的酥油，就不必忙着装上白酒。"将木碗比喻成相亲相爱的情人，希望时时刻刻把它带在身边，可见用情至深。

日常生活中，藏民使用木碗一般是在喝茶或吃饭的时候，而他们喝茶、吃饭的地方，大部分是在火塘间。火塘间是云南藏区藏族家中最重要的家庭公共空间。这个约占楼板面积百分之五十的房间，是藏民打茶、煮饭、吃饭、工作、待客、整理农具、修理器具、举行仪式、看电视及休息的地方。藏民在家中吃、住、休闲娱乐都围绕火塘展开，他们的日常饮食也大多在此完成。农牧回来，以酥油茶和着青稞粉捏成藏人主食的糌粑，或仅以酥油茶配馒头或粑粑（炸面粉饼）就是一餐；过去生活条件较差，只有第一次打茶时加酥油，喝茶前先吹开浮在木碗表面的酥油，只喝底下的茶，如此再添茶时，仍有奶味。现在各家酥油不虞匮乏，每次打茶皆添加酥油，火塘间常弥漫着一股酥油味。一天中，火塘间至少有三个时段飘着打茶的香味，只要喝茶，藏民便会取出自己心爱的木碗。

用木碗喝酥油茶或吃糌粑，看上去很简单，实际上却颇有讲究。首先，无论是刚打出来的新鲜奶茶，还是后面加热过的，酥油茶一定要喝滚烫的热茶。其次，喝热茶时希望它既不烫嘴烫手，又能保温保鲜，这样木碗的优势便体现出来。先是一碗热茶下肚以后，胃里暖了起来，这时抓一小把炒过的青稞面粉放到里面，先用手指在碗中搅拌

奔子栏村藏民的厨房，右边保留了传统的火塘、中柱、水箱和橱柜等，左边则配备了现代化的厨房设施

均匀，再沿着碗壁与外翻的碗沿揉成糌粑团状，最后再倒一碗热茶，就着糌粑吃下。酥油的奶香与茶的清香混合，加上青稞炒面的煳香、咸润的味道，是藏族人经久不衰的美食。喝完茶、吃完饭以后，木碗一般不用水洗，而是用布擦一擦，然后直接倒扣在案几上或橱柜里。

婚礼上盛满牛奶与酥油的木碗

藏族人家中火塘边的座位有清楚的阶序，相对应地放置在案几上或橱柜里的木碗也有一定的阶序划分。一般是家中尊者、长者的木碗置于正中，而妻子、儿女的置于两侧。水缸对面靠墙、面向火塘门口、容许综观整个空间的位置乃"上位"，当家的男人或贵客坐此处；靠神龛及尺柜（即一面与神龛连接放置打茶工具的壁柜）的方向是"打茶处"，打茶的女主人或客人来时男主人即坐于此。火塘的下端是女人煮饭吃饭处；年轻男人则坐在上位的对面。喝茶、吃饭时，木碗会按照各人的座次摆放好。这时可以看到，坐在"上位"的当家的男人使用的木碗通常是家中最大、最好也是最贵重的，因为这个碗是"一家之主"身份的一种象征，因此它会选用上好的材质制成，并且会镶金包银甚至镶嵌宝石。年轻的男人们因为食量大，选择的木碗也更大，而女人们则会使用小巧玲珑一点儿的木碗。

火塘伴随了藏民的一生，由此还孕育出一种"火塘文化"。不过，

余舜德：《身体感与云南藏族居家生活的日常现代性》，载《考古人类学刊》，第74期，第175页。

（左）用包银木碗喝酥油茶
（右）在奔子栏村旺堆家，他
手上拿着一个漆色外红内黑的
僧碗，据说产自 1718 年

现在许多城市或农耕藏族的家庭，逐渐将传统的火塘与现代厨房结合起来，既烧柴火又使用天然气灶与抽油烟机，厨房设施的现代化与清洁能源的改善使得藏族人把喝茶、吃饭慢慢从火塘移到了饭桌或茶几上，人们对木碗的使用也经历了现代的变迁。

在现代社会语境下，无论是在火塘边还是餐桌上，木碗的使用都不是绝对的。我们在田野调查中发现，即便在木碗的产地，使用瓷碗仍是一种大众流行的趋势。老一辈的人或许还会钟情于木碗，尤其是银包的木碗，觉得拿在手里沉甸甸的，喝起茶来也踏实。但年轻一辈的上班族，则更倾向于使用方便清洁、干净卫生的瓷碗。尤其是受到朝九晚五的上班节奏的限制，早上用银木碗喝热茶烫口，又没有时间等它慢慢冷却，索性就用瓷碗了。但是，木碗并没有被遗忘，藏民们去神山转经时，去寺里念经时，还是更倾向于携带轻便耐摔的木碗。婚礼、葬礼上也经常能见到它的身影。并且因为木碗轻巧便携、不易摔、不烫手的特性，牧区的藏民比农耕区的藏民使用木碗的情况更普遍。

除了在歌谣里传唱，藏族人对木碗的喜爱还体现在许多方面。譬如，无论是农民还是牧民，藏民平时穿的衬衫、毛衣外面总会套一件

上桥头村鲁茸卓玛制作的精美
的糌粑盒

藏袍，然后将木碗揣在怀里，随走随用。他们认为，木头亲近肌肤的感觉是温润的，但如果是瓷碗，就会冰凉刺骨。再如，藏族人请工匠为木碗包银镶金，除了美观与财富的象征外，也是为了保护木碗不受磨损，起到加固的作用。除此之外，他们还会准备一种类似于酥油盒的盒子来装木碗，也就是那种"三件一套"的套碗。套碗的盖子用来装菜，下面的盒子用来装酥油，木碗放在中间用来喝茶、揉糌粑，这样可以起到一个叠加的复合功能，藏民甚至还将套碗比作他们的"饭盒"呢。不过，与木碗的日常性相比，糌粑盒反而不是必需品。这是因为糌粑盒的替代品有很多，如布袋子、皮袋子等，都是比较方便就地取材的材料，而当人们开始专门制作用于储存糌粑的器具时，它更像是一种"奢侈品"和房间装饰的艺术品。

2. 藏族分类体系中的木碗

藏民几乎人手一个木碗，木碗的形制差不多，但是他们却能轻易辨别出彼此的区别来，这是因为在木碗中也有一定的分类体系。我们说，世界上没有两个一模一样的木碗，这是因为工匠制作木碗的材质、大小、颜色、装饰都不尽相同。木碗本身是一个的简单器物，但当人们赋予了它文化意义，它便充满了生活与艺术的气息。

从材质上来说，木碗分为普通碗与宝木碗。普通碗一般用杂木树种的树根或树瘤制成，宝木碗则由树木生出的名贵木材"咱"制成，

藏民案桌上摆放的木碗，从左到右分别是西藏阿里地区的男碗、西藏林芝市的女碗、僧人木碗、中甸女碗以及中甸男碗（摄自上桥头村廖文华家）

二者无论在市场价值还是文化含义上都有天壤之别。普通木碗的价格，一般在 50~300 元不等，而宝木碗则动辄上万元。既然木碗有普通与宝木两种，其对应的使用人群则反映出相应的社会等级。譬如，解放以前，宝木碗为藏族的贵族土司与活佛高僧所专享，普通老百姓根本没有机会接触。如今，木碗进入市场以后，打破了社会阶层的限制，宝木碗则为价高者所得。人们买宝木碗，一部分是留着自己用，另一部分则是当作馈赠的礼物。因此，宝木碗成了一种符号的象征，体现了人们财富的多少与身份地位。

云南藏族使用的木碗（左：女碗、右：男碗，摄自香格里拉市尼西乡上桥头村村民王永贵家）

从大小规格上来说，木碗有男碗与女碗之分。以中甸木碗为例，男碗口径更大，碗身更扁，圈足偏低，意味着男人胸怀宽广、有肚量；女碗则口径偏小，碗身细长，圈足更高，意味着女人身材苗条、玲珑剔透。然而，男碗、女碗也是相对的，木碗的大小还与人们的喜好以及个人的食量有关。如在家中，食量较大的青年男子用的木碗可能比他年老的父亲更大，而料理家庭一切事务的母亲则使用较小一些的碗。整体来说，女性用的木碗都比男性用的木碗更小。

从颜色上来说，在云南藏区，僧人们约定俗成地使用金色或黄色的木碗，平常百姓则用红色、黑色或者不漆色的木碗。这与格鲁派在藏区流行，从而使藏民"以黄为贵"有关。

从装饰上来说，包银镶金的木碗也能呈现主人家的财富地位。在这里，木碗是金银的载体，是财富的象征；但反过来，金银也衬托了木碗，提升了它的价值。一般在藏民家中，老人的木碗用得时间长了，磨损得厉害，甚至开了裂，又舍不得丢弃，就会请银匠来为木碗包银镶金，一方面起到加固的作用，另一方面也是出于对老人的尊敬。再者，作为一家之主的父亲用的木碗，通常也是使用好木料做的包银镶金的木碗。除此之外，藏民通常也会把包银镶金的木碗送给活佛高僧，以示供奉。

　　然而，如果你去藏民家中做客，并被留下来吃顿便饭，你看到他们从橱柜中取出木碗摆在桌上，欣喜之余，却发现自己用的是瓷碗。原来这是因为木碗也体现了藏民内与外、主与客的区分。当然他们会告诉你，木碗是藏族人自己用的，客人用瓷碗更干净卫生。

3. 木碗与马帮

　　在迪庆藏族自治州博物馆里陈列着一套已经有些腐朽发黑的马帮用具，包括一整套的木质餐具、马锅头使用的全套火枪以及一个毪氆质的马料袋。其中，马帮使用过的木碗引起我们的注意。实际上，

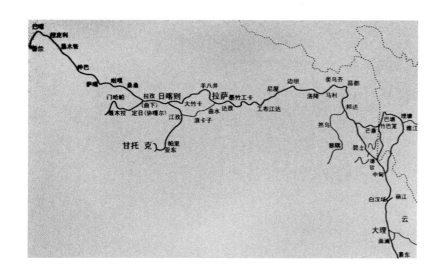

茶马古道路线图

木碗不仅是马帮在长途跋涉中打尖住店或露宿野外时自己使用的餐具，它作为一件物资交换的商品在茶马古道上也延续了很长一段时间，甚至在马帮基本消失以后，木碗的流通还在新的道路上延续。

即在旅行途中的休息进食

马帮是一种民间自发形成的经济组织形式，它与我国商品经济的发展息息相关。在云南，由于山路崎岖，马帮是各民族商品货物运输的主要方式，这是由云南特殊的地理环境和社会经济条件造就的。作为一种商业经济组织，云南马帮的发展演化过程，其实也是云南社会商品经济得到不断开发与发展的过程。

廖乐焕著：《马帮对云南商品经济发展的推动作用》，载《云南财经大学学报》，2011 年第 1 期。

据王明达、张锡禄考证，云南马帮通行的道路，可能早于大多数史载的通道。早在秦汉时期，随着商品交换的发展，云南地区便出现了五条著名的商路——即马帮路线。第一条商道，是秦朝开辟，汉朝又修筑过的"五尺道"。第二条商道，是"南夷道"。第三条商道，

参见王明达、张锡禄著：《马帮文化》，云南人民出版社，1993 年 4 月第 1 版。

（左）马帮使用的餐具
（右）马帮使用过的木碗和氆氇质马料袋

是著名的南方陆上丝绸之路"灵关道"。第四条商道，是庄蹻开滇的路线。第五条商道，在当时永昌地区和交趾（今越南）之间。除此之外，还有一条重要的商路是汉以后到隋唐以前发展起来的"步头路"，它在内部把元江、通海、安宁这些爨地重镇连接起来。

王明达、张锡禄著：《马帮文化》，云南人民出版社，1993年4月第1版，第30~35页。

以上几条古时的商道构成了今天地图上描绘的茶马古道路线的大体框架，主要分为两条路线：一条从云南的普洱茶原产地（今西双版纳、思茅一带）出发，经大理、丽江、中甸、德钦到西藏的邦达、察隅或昌都、洛隆、林芝、拉萨，再经由江孜、亚东分别到达缅甸、尼泊尔、印度；另一条从四川的成都出发，经雅安、泸定、康定、巴塘、昌都到拉萨，再到尼泊尔、印度。在这两条主线沿途，还有无数条支线蛛网般密布在各个角落，将滇、川、藏"大三角"区域联络在一起，属于"西南丝绸之路"的范畴。

王明达、张锡禄著：《马帮文化》，云南人民出版社，1993年4月第1版，第36页。

具体而言，按驮运的路线，云南马帮可分为东路、西路、南路、西北路四大帮。其中，与本文所述区域紧密相关的西北路马帮，是指从大理经丽江再到西藏拉萨的马帮。此路分两段：大理、洱源、鹤庆、丽江的白、纳西、汉族马帮，一般主要在大理至中甸或阿墩子一带来回运输。因为这些马帮的骡马驮的是硬驮（马背上有架子），难以再翻越崎岖的更狭窄的进藏山道，再者云南马一般也不习惯走进藏的雪山路途；第二段是从中甸或阿墩子进西藏，这一段以藏族马帮（俗称古宗帮）为主，他们的马不用鞍架驮货，货放在皮囊内直接搭在马背上，称之为软驮，便于走狭窄陡峭的雪山峡谷。他们的马帮较大，二三百匹马一帮，不钉马掌，一路"开亮"（不住店，只露宿）。驮进以茶叶为主的物品和少数日用品。另外还有一种叫"藏客"的纳西族商人，自养马帮，马特别多的雇"驮脚"一年一次进西藏。去的时候运茶、糖及土杂，包括各种日用品，回来时运西藏产品氆氇、毯褥、毛皮、山货药材等，平稳有利，有盈无亏。到了春天，又赴思茅运茶，一路

今香格里拉市。

今德钦县升平镇。

王明达、张锡禄著：《马帮文化》，云南人民出版社，1993年4月第1版，第126页。

放马，回来时人壮马肥，及至五月又可进藏。

赖敬庵、杨超然：《丽江工商业资料》，《丽江文史资料》第三辑，85页。

可见，在茶马古道的交通沿线，分布着众多的少数民族群体，马帮驮运的物资，极大程度上满足了这些人群的日常所需。其中，滇西北干线的马帮所驮的货物有极强的地域性特点，除了地理环境的限制以外，这也和当地以藏族为主的各少数民族的饮食习惯有关。由于藏族喜食牛羊肉，需要喝酥油茶来解油助消化，茶成了其生活中的必需品，而他们对喝茶用的木碗的需求也应运而生。因此，木碗的流动也以茶马古道为契机，通过马帮从藏族聚居的区域运送到全国各地，乃至尼泊尔、缅甸、印度等东南亚、南亚国家。

坐落在金沙江畔的奔子栏村是滇西北通往西藏的必经要地，这里在历史上曾是茶马古道上的一个重镇，过去几乎所有来往的马帮都会在这里停留休整。明清时期，茶马古道上的商业贸易达到顶峰，奔子栏虽然地域狭小，人口也不多，却拥有马帮二三十队，每队一百到三四十人不等，常年往返于滇藏线上的骡马约有2000匹，最富的一家有骡马144匹，流动资金3万余银圆。同时，奔子栏也是云南藏区著名的木碗之乡。在村民的传说中，很久以前奔子栏只有一户人家会制作木碗，其手艺远近闻名。这户人家有四子一女，而木器加工技术只传男不传女，所以四个儿子都学会了做木碗。据说现在村里的桑木各、归里加、卡沙、阿桂这四户就是他们的后裔，因此他们的木器加工技艺特别精湛。他们制作好毛坯以后再卖给奔子栏当地的漆画艺人，由他们最后加工成成品，运往藏区和蒙古族聚居的地区。

奔子栏行政村隶属于云南省迪庆藏族自治州德钦县奔子栏镇。奔子栏镇下辖奔子栏、达日、叶日、书松、夺通5个行政村、78个自然村，其中奔子栏行政村下辖22个自然村。

即赶马人，又称"驮伕""脚力""马伕"等，大多数是贫苦的劳动人民，受雇于官帮、商帮和各种拼帮马锅头，他们是迫于生活的艰辛，才干上赶马的营生的（引自王明达、张锡禄著：《马帮文化》，云南人民出版社，1993年4月第1版，第127页）。

我们在奔子栏进行田野调查时，还走访过村中的几位赶马哥。1929年出生，现年已经85岁高龄的阿茸尼玛老人就是曾经奔波于茶马古道上的一名"马脚子"。据老人回忆，在他24岁还没有结婚的那一年，曾跟着一个四川的马队去过一次西藏，这次行程他们单程共走了两个月零一天。从奔子栏出发，他们驮运的货物有大理下关的沱茶、红糖、粉丝和奔子栏自产的木碗，又从西藏驮回虫草、贝母以及制作衣服用的毛呢、绸缎、染料和帽子等。那时，他们的马队共有300匹骡马、30个脚夫，其中每10匹马有1个脚夫，每100匹马、10个人就有一个马锅头。每一头骡马可以驮运600~700个奔子栏生产的木碗。一般在进藏的沿途，听到马铃的声响，就会有邻近的藏民跑来用虫草和贝母与他们交换木碗和其他生活用品，沿途出售，剩余的则带到西藏后出售。除此之外，老人通常是在奔子栏附近的尼西、中甸，以及四川的巴塘、理塘、芒康等地赶马，将本地产的木碗运到这些地区，再换一些物资回来，据说当时的木碗还挺名贵，销路很好。

由于特殊的地理环境和悠久的历史文化，马帮在云南的交通运输与商业贸易方面发挥了巨大作用。中华人民共和国成立以后在全国大修公路、铁路，使云南的交通条件得到了很大改善，汽车、火车等现代化工具成为交通运输的主流，曾经繁荣兴盛的马帮也就渐渐消失了。然而，马帮的衰落并不代表木碗的没落，相反，它借助现代便利的交通条件以及"全球化"的浪潮去到了更远的地方，为更多人所知。

据 2014 年 8 月 28 日对奔子栏镇奔子栏村习木贡组的阿茸尼玛老人的田野访谈所得。

4. 族际交往中的木碗

交换的主体是人，木碗交换的主体包括了以藏族为核心并辐射到整个藏文化圈的诸多民族。按藏族人口的聚居程度来看，藏文化圈的空间范围大致是指"以青藏高原隆起中心即青南高原——羌塘高原为藏文化圈核心，向东、向南呈扇状展布；河湟洮岷——四川盆地西缘——云南中北部一线这一狭长的民族走廊地带，以及喜马拉雅南麓，属于其边缘文化带"。从族群的角度来看，以云南藏区为例，木碗的交换则是在与藏族生活在同一区域内并受藏文化影响的纳西、白、普米、傈僳等民族之间进行的。

鲁顺元：《从人口分布看青藏高原藏文化圈的基本形态》，载《攀登》，2012 年第 4 期，第 121 页。

交换的形式复杂多样，物物交换早于以货币为媒介的商品交换之前，它的交换逻辑遵从的是分享和互惠的原则，人情与礼俗在交换过程中起到很大的作用。藏民由于绝大多数生活在气候高寒的高原上，许多物品无法自产，需要从其他地方或其他民族手中换来。木碗作为藏族的"特产"，也是被交换的物品之一。例如，物物交换的时代，迪庆州的藏族可以用木碗通过马帮从大理州的白族那里换回生活所需的盐、茶、红糖、粉丝等。

解放以前，与藏族生活在同一区域内的各民族之间的关系往往是不平等的。土司作为民族地区地方上的最高统治者，不仅享有其领地内土地的所有权和奴隶的人身自由权，还占有了大部分的生产生活资源。木碗在当时属于稀缺物品，是只供土司、活佛、贵族等少数权贵阶级使用的奢侈品，流通的范围较小。交换的形式通常是下层百姓以木碗为媒介赠送给土司头人或僧侣活佛等，交换过程中不计算物品本身的价值，是一种自下而上的单向流动。这样的资源分配一定程度上反映了传统社会不平等的权力关系。即便是在中华人民共和国成立初期，木碗在一段时间内也以"民族特需品"的身份存在，定量生产、分配使用。

改革开放以后，在市场经济的推动下，木碗作为商品被纳入自由市场当中进行交换。云南旅游业的发展带动了一批购买"民族特产"的热潮，木碗作为"藏族特产"为蜂拥而至的各地游客所青睐，非物质文化遗产的名号以及全球化的浪潮将它送到了更远的地方，不仅藏族内部、受藏文化影响的各少数民族之间、内地的汉族以及外国的游客等，都能使用或收藏。可见，木碗以商品交换的形式实现了最广泛层面的族际交换。

木碗与信仰

1. 寺院内外的木碗

　　僧人使用的木碗又被称为"喇嘛碗"或"和尚碗"，其在形制、材料、颜色等方面都与普通藏民使用的木碗不同。从形制上来看，僧人用的木碗在碗肚上多出一个凹圈来，将木碗分为上下两个部分，下面一部分似菩萨的莲花台座，或是释迦牟尼手中的钵盂；上面一部分则是木碗的开口。据迪庆州佛学院的副院长阿巴介绍，僧人木碗外围的凹圈为戒律之意，它提醒着僧尼要恪守佛法，不可逾越。这样的形制一方面划清了僧人与俗人之间的界限，另一方面也提醒着僧人不仅要守法，还要自觉地受戒与持戒。奔子栏村村民提供的另一种说法是，僧人木碗外围的凹圈意味着出家人比俗人更"高人一等"，因此尽管不常见，有时这种木碗也会给小孩子使用，以示祝愿。僧人木碗的形制在各大藏区，无论是藏传佛教的哪个教派，密宗或者显宗，喇嘛或者觉姆，都是一样的。喇嘛与觉姆用的木碗即便有些微差异，也是体现在大小规格方面，而不是形制。喇嘛身强力壮，使用的男碗口径更

2014 年 8 月 25 日迪庆藏族自治州佛学院阿巴副院长的田野访谈。

2014 年 8 月 26 日迪庆藏族自治州德钦县奔子栏村村民斯纳义胜的田野访谈。

左：僧人用碗
中：俗人用碗
右：尼姑用碗

大，碗身略扁，圈足偏低，敦实厚重；觉姆身轻如燕，使用的女碗则口径略小，碗身细长，圈足偏高，玲珑秀气。

　　从材料上来看，木碗有杂木碗与宝木碗之分，因此，这两类木碗对应的使用人群也不相同。就宗教层面而言，普通僧人使用的是杂木碗，包括杜鹃木、五角枫、鸭爪木等木材的树根或树瘤；而有的活佛使用的则是名贵稀有的宝木碗。这也与藏民的信仰息息相关，因为活

佛用的好碗，不少都是藏民赠予的。佛说"众生平等"，人与人之间本没有等级上的差异，然而老百姓心中有佛，愿用今生修来世，因此我们去到藏民家中，能见到的最富丽堂皇的地方就是经堂。那里不仅摆放着释迦牟尼的雕像、活佛的照片、唐卡、净水碗、酥油灯等物件，还花

僧人木碗的另一种形制

了大量心思与财力进行雕梁画栋、镶金包银的装潢。因此，藏民们买来一个好碗，自己舍不得用，也会将它镶金包银之后带到寺里去送给活佛。藏民去世后，一般材质的碗留给后代，宝木碗或者镶金包银的碗则会嘱咐家里人送去寺里以添功德。

　　从漆色上来看，云南藏区老百姓的说法是，僧人用的木碗只能使用金色与黄色两种。但让人感到奇怪的是，我们在田野调查中，也见到过红色或黑色的僧人木碗。奔子栏村旺堆老人向我们展示的一个喇嘛碗的漆色就是外红内黑的，据说产自 1718 年。这种"尚黄"的风俗据说是自黄教格鲁派兴起以后才开始流行的。据传公元 1642 年，格鲁派五世达赖喇嘛阿旺·罗桑嘉措会同四世班禅一起，联合蒙古和硕特部汗王固始汗在青海一带的势力，联手打败了藏巴汗，统一了前后藏。公元 1652 年，五世达赖喇嘛又应顺治皇帝的邀请前往北京，和清朝建立友好合作的结盟关系，从此开启了格鲁派在西藏独一无二的统治地位。自此以后，藏民们尊黄教，"以黄为贵"，黄色也成了喇嘛的符号象征。因此"喇嘛碗"也以金色、黄色为主。

　　除此之外，僧人用的木碗一般不允许自己镶金包银。这是因为，藏传佛教的教义认为，人的欲望一旦鼓动起来，往往难以控制，奢侈的生活习惯一旦养成，往往难以放弃。人的福报就像地球

藏传佛教的僧人在大殿内只能使用这种不上漆、不镶金包银的木碗

漆色外红内黑的僧碗

资源一样也是有限的，过分放纵自己的欲望，不仅对身心无益，更会将幸福提前支取。因此出家人应奉行少欲知足的生活准则，追求简单、朴素的生活方式。而在百姓的眼中，僧人也不能贪财、攀比或炫耀，因此僧人木碗只要具备基本的食用功能即可。但在田野调查中我们也发现，有的活佛使用了镶金包银的宝木碗，那是老百姓供奉的，其目的是为了将金银和财富通过活佛献给佛祖，以添福报。

2. 僧人木碗的使用及习俗

作为一件食具，木碗与人类的日常饮食息息相关。不同人群在不同时间、不同地点使用食具的情况也反映了他们的一些饮食习俗。藏族是一个几乎全民信仰藏传佛教的民族，在日常生活中僧俗有严格的区别。一般藏族家庭的座次排列是让男性长辈坐在靠火炉的上方，晚辈和女性坐在靠火炉的下方，但在有僧人的家庭，上座一般是留给出家人的。在使用木碗上，僧人也跟普通藏民一样，在不同场合会有不同的使用方式。譬如，僧人的日常三餐需要严格遵守戒律，除此之外，在特定的法会、佛事活动中他们会集体饮茶，闲暇时他们也会在自己的僧舍内煮食、煎茶充饥，而在藏民家中做完法事以后，他们通常会被留下来吃顿便饭，以前的僧人还有拿着木碗外出游方化斋的习俗。

具体来说，僧人在寺里修行需要遵守一定的清规戒律，以至于他们的日常作息也被严格规定。从早上四、五点的"早板"开始，到晚上九、十点的"止静"结束，僧人一天之内要吃三顿饭，分别称为"早斋""午斋"和"药石"。早斋一般在早上六点左右，午斋在中午十二点以前，药石即晚斋约在下午五六点。因为有的藏传佛教的寺院有过午不食的习惯，而有的寺院担心僧人体力不支也会提供饭食，但会告诉他们，下午这个时间点本来不应进食，现在吃不是为了贪求口腹之欲，而是为了治"饿"这个病，所以叫"药石"。以上三餐都属正餐，一般安排在诵经礼佛之后。除此之外，僧人还有"小食"的时间，有别于正餐，通常在上午九点左右。不同于汉传佛教设有专门的斋堂，藏传佛教的这些日常饮食大多是在经堂大殿内完成的。吃饭时，僧人先在原来的位置上坐好，并取出揣在怀里的木碗放在面前，这时便会有专门负责饮食的僧侣来为他们倒茶添食。一般而言，酥油茶由寺里统一熬煮分发，添茶以后，僧人会先喝一点，然后从随身携带的袋子中取出一点糌粑粉放进茶碗中，再把它揉成团状吃下。僧人进食时要注意尽量避免发出声响，也不宜大声喧哗、嬉笑打闹或随意

东竹林寺及其僧人

走动，并且需做到"食存五观"，即：计功多少，量彼来处；忖己德行，全缺应供；防心离过，贪等为宗；正事良药，为疗形枯；为成道业，方受此食。

除却日常三餐，寺院还会举行各式各样的法会及佛事活动，其中许多涉及僧人们的集体饮茶行为。藏族人对茶有特殊的嗜好人所周知，信仰藏传佛教的僧人对此也不例外。喝茶就会用到木碗。为了方便卫生，僧人的木碗大多自备，平时揣在怀里，用时取出，人手一个，专碗专用。寺院僧侣集体饮茶时，也不像常人百姓喝茶那样随便，许多寺院的集体供茶是由专门司茶役的僧侣来负责的。其过程与日常三餐

差不多，也是僧人将木碗放在座前，司茶的僧人便会按顺序一一给僧侣们的碗里斟上茶。这种集体饮茶的规则在举行比较重大的法事活动时尤为明显。林耀华等编写的《西藏社会概况》记载："每当举行法事仪式时，由司茶僧人依次给每个人斟茶。大经堂森严神秘，僧人们排排坐着，诵读经文。待斟茶之际，十几位青少年司茶僧人，光着脚，提着茶壶给众僧斟茶，壶中的茶倒没了就飞快地往壶中灌茶，灌茶又有专人负责。"

然而很多时候，寺院统一安排的日常饮食对于大部分僧人来说是不够的。信仰藏传佛教的藏民对喇嘛最为崇敬，通常有条件的家庭，家有二子，必有一人出家为僧，因此这些僧人的背后有整个家庭的供养，他们承载的是一个家庭的信仰和精神的依托。所以除了寺院和百姓布施以外，家庭也会供给这些僧人的日常所需，有条件的还会为他们修建僧舍。事实上，几乎每个僧人都有一间自己单独的僧舍。僧舍里设有灶头，于是在念经礼佛之余，觉得腹中空空的僧人便会利用空暇时间自己煮食、煎茶吃，这时又会用上木碗。但与在经堂大殿不同的是，僧人在自己的居所可以使用好一点儿的木碗，这个木碗可能是出家时家里为他准备的，也可能是他自己从集市上挑来的。现在甚至有僧人会在僧舍里使用包银的木碗，但在大殿里，除了活佛和高僧，这是被严格禁止的。

还有一种情况是，僧人去到百姓家里做法事（如祈福、驱魔、续命、丧葬等），藏民也会为他们准备吃饭用的碗。解放以前不通公路时，僧人是自己带着包袱和木碗到需要做法事的藏民家中，藏民只需请马帮的人去驮并提供斋饭住宿就行。现在这些则全由老百姓准备，

藏民现在为到家做法的僧人准备的黄底瓷碗，上面绘有藏八宝与吉祥图案，图中所示是给活佛用的

书松尼姑寺大殿中的僧碗

并普遍流行使用瓷碗，因为瓷碗比较方便、易于清洗。但僧人用的瓷碗也有较为严格的讲究，不能是一般的瓷碗，而是金色或黄色、上面绘有九龙的瓷碗，带托加盖的则给活佛使用。不过无论是木碗还是瓷碗，一般只要是僧人吃过的碗，老百姓便不会再用，而是往里面放上一点儿米粒或水果供起来。

另外，在奔子栏村，村民旺堆向我们展示了一个在他家老屋发现的僧人木碗，据说产自清代。这类明清时期的僧人木碗，体型通常比现在的木碗大得多，口径都在 15 厘米以上。这是由于过去藏区的物质生活较为匮乏，僧人吃饭有时需要外出化缘。化缘时，手里拿一个大一点儿的木碗，百姓布施的斋饭多一些，放置食物时方便一些，走在路上也不容易泼洒。因此化缘用的木碗开口更大，碗肚更深，圈足更低，整体呈现出一种扁圆形。

僧人获得木碗，一般有几种途径：一种是寺院统一订购，由负责财务和采购的僧官与商贩洽谈，说好全寺所需的木碗规格、颜色、数量等，或者他们直接拿着样本去木碗厂商那里下单；另一种是小喇嘛出家时，家里会为其准备；再一种是僧人自己上街购买；还有一种则是受老百姓赠予。

3. 木碗的宗教内涵

木碗对于僧人的意义不仅可以从日常生活中得到解释，同时，我们还可以进一步挖掘其深层的宗教内涵。尽管已有的文献资料极少对此做过阐释，但从一些边缘材料中，我们也可以挖掘出一些线索。

对于僧人使用木碗的渊源，我们曾访问过迪庆州佛学院的副院长阿巴以及一位随行的西藏经师。根据他们的说法，藏传佛教中僧人用的木碗，其形制很有可能是仿照释迦牟尼手中的钵盂而来。藏族是一个几乎全民信仰藏传佛教的民族，藏传佛教的寺院文化对藏民的日常生活有着全面而深刻的影响，藏民对于寺院和喇嘛也有着极高的崇敬。因此，出于崇敬以及遵守戒律而效仿西天佛祖法器的情况并不少见，例如僧人们供奉和收藏活佛、上师法体和骨灰的灵塔，相传也是从佛祖释迦牟尼的舍利塔演变而来的。

书松尼姑寺大殿唐卡画中的僧碗

相传，在释迦牟尼的左手中有一个黑色的钵盂，此钵的由来，根据《太子瑞应本起经》卷下所述："佛成道后七日（一说是七十七日）未食，适有提谓、波利二商主始献面蜜，佛时知见过去诸佛皆以钵受施。四天王知佛所念，各至须安页山上，从石中得自然之钵，俱来上佛，佛乃受四钵置于左手之中，右手按其上，以神力合为一钵，令现四际。"即是说，释迦牟尼得道后不久，四方的四大天王每人赠他一只僧钵，其中最漂亮的僧钵是用宝石制成的，最朴素的一只是用普通石头制成的。释迦牟尼挑选了其中最朴素的石钵，也收下了其他三个僧钵。他将这四个钵盂通过神力合成一个单色僧钵，使其足以满足普通托钵僧的全部需要。

《佛教小百科》编辑部编，《佛教小百科 22 之佛教的法器》，中国社会科学出版社，2003年1月版，第95页。

（英）罗伯特·比尔著、向红茄译：《藏传佛教象征符号与器物图解》，中国藏学出版社，2007年4月版，第191页。

因此，钵（梵名 patra）成了比丘六物（大衣"僧伽梨"、上衣"郁多罗僧"、中衣"安陀会"、钵、坐具、漉水囊）之一。它又被称作钵多罗、波多罗、钵和兰等，意译应器、应量器，即指比丘所用的食具。钵呈矮盂形，腰部凸出，钵口钵底向中心收缩，直径比腰部短，这种形状可使盛的饭菜不易溢出，又能保温。在律制上，规定钵有"体""色""量"等三法。第一，钵之"体"，材质只准使用瓦、铁两物塑铸，不得使用"金、银、铜、琉璃、摩尼、白蜡、木、石……"等物制作。第二，钵之颜色，《四分律》限用黑、赤两色，《五分律》限用孔雀咽色。第三，钵的容量，《四分律》说："大者可受三斗，小者可受半斗，中者比量可知"，依个人食量而定。戒律中还规定比丘不得储存多钵，护持钵当如保护自己眼睛一般，应当常以澡豆洗净除去垢腻。

《佛教小百科》编辑部编：《佛教小百科 22 之佛教的法器》，中国社会科学出版社，2003年1月版，第 94 页。

僧人们效仿这种形制并遵守其中的戒律。西双版纳等地的南传上座部佛教僧人，现在还坚持用铁或黑陶制成钵盂来使用。而在森林资源较丰富的藏地，因为木头更方便就地取材，也更适应于藏民的饮食习惯，释迦牟尼手中的钵盂便演变成了僧人手里的木碗。不过，《五分律》卷二十六谓，不使用金银七宝、牙、铜、石、木的钵，"若使用木钵，则犯偷兰遮"，并且在颜色上限定黑、赤两色；但在藏区，木碗无论是形制、材料还是颜色，都与钵盂不同了，这也是木碗适应本地自然、历史、文化的一种体现。

《佛教小百科》编辑部编：《佛教小百科 22 之佛教的法器》，中国社会科学出版社，2003年1月版，第 92 页。

七

木碗的流动

藏族木碗是藏民日常生活中不可或缺的一件器物，正如我们在前文中已经看到的那样，木碗相比较瓷碗、金属碗具有许多优良的特性，比如轻巧、耐摔、隔热、便于携带等。木碗的这些物理特性，成为今天人们在解答"木碗为何在藏区流行"这一问题时所采用的最常见的逻辑。然而，在奔子栏和上桥头村开展的田野调查让我们看到，木碗之所以深受藏民的认可和喜爱，除了它本身具有的与藏区生态文化相适应的物理属性之外，还跟它背后附载的社会文化内涵有关。这即是说，藏民眼中的木碗事实上具有多层内涵。木碗不只是一件日常实用的饮食餐具，也是一套社会文化的符号象征体系，是一种流转于亲人、朋友、圣俗之间的礼物，还是藏民在划分性别、长幼、尊卑、内外、主客、僧俗阶序时的符号象征。而这些隐藏在木碗实体背后的社会文化内涵，或许才是推动木碗产业和木碗文化至今仍在藏区长盛不衰的深层原因。

当然，不管是藏族木碗优良的物理属性，还是它背后丰富的社会文化内涵，其共同之处在于，它们都是围绕着木碗的流动性特征来构筑与呈现的。无论是前文提到的那首古老的藏族情歌《情人般的木碗》，还是至今仍广为流传的"再懒的人也得张嘴吃饭，再穷的人也得带只木碗"的民间俗语，从中我们都能看到藏民们在讲述木碗时所依托的流动性的知识语境。即使是对那看似天然生成的轻巧、

西藏拉萨八角街的木碗销售店
（摄影：李锦萍、冯鑫）

耐摔、隔热等物理属性的描述，其背后所直接指向的，其实也还是一种"木碗便于携带与随行"的意味。因此，如果我们想要真正理解藏族木碗及其木碗文化的实质，就应当从一种流动而非静止的视野出发，把木碗放进藏区完整的社会文化生态中来考察它的价值和意义，而不能只满足于对木碗的表象做浅尝辄止的描述。

西藏拉萨八角街木碗店内售卖的包银木碗（摄影：李锦萍、冯鑫）

从知识分类的视角出发，我们认为云南藏族木碗至少在三个维度上发生流动，即作为实体商品的木碗、作为社会礼物的木碗以及作为文化载体的木碗。实体的木碗主要体现了木碗的"形"的生成与流动，而作为社会礼物和文化载体的木碗，则展现了木碗的"神"与"魂"。

1. 作为实体商品的木碗

人类学的视域中的"物"不仅具有物理和商品属性，更具有社会文化内涵。前者是有形的，后者是无形的，无形的社会文化内涵往往需要借助有形的物理属性来获得呈现。人们可以通过对某种有形的"物"的制作、流动、使用的讨论，来串联起不同的空间和时间中的人群与文化。藏族木碗是一种"物"，而且大多时候，它对藏民的日常生活来说，具有不可或缺的功能和意义。在可见的层面，木碗通常被看成是一种需要购买或销售的商品，即是一种实体化的产品。

（1）生产销售中的流动

作为实体的木碗自始至终都处在流动之中。我们可以把这种流动性初步划分为三个阶段，即木碗原材料的流动、原木碗的流动以及成品木碗的流动三个方面。

木碗原材料的流动具有跨地域跨族群的特点。正如我们在前文中已经看到的那样，制作木碗的"木坨坨"主要来自丽江的宁蒗、维西、兰坪等地，近年来还扩展到邻省的西藏和四川甘孜州。木碗原材料的砍伐者和贩运者多为丽江、怒江等地的纳西族、傈僳族和汉族，他们通常会根据制作者的需求砍伐树龄不等、粗细不一、材质不同的木料，将之砍成砣状，经过简易加工后运往奔子栏或上桥头村出售。制作木碗的另一项重要原材料是土漆。制作土漆的成分主要是漆树的胶汁和桐油。由于当地自然生态环境所限，奔子栏村和上桥头村的土漆大多需要从兰坪和剑川买入。买回来的土漆主要是生漆，生漆需要经过复杂的熬制程序才能变成熟漆，熬漆是一项技术活，也是漆艺中颇有讲究的一道工序。

原木碗的流动主要发生在木碗作坊之间。经过蒸煮、祛湿、塑形后，木坨坨逐渐就变成了原木碗。这时的木碗虽已成型，但是从整个木碗工艺流程来看，它还只是一个初成品。为了使木碗在使用过程中不易开裂、纹理突出并经久耐用，原木碗还需要经过上漆、彩绘、镶嵌等工序。传统的木碗生产，实际上就包括了从蒸煮到镶嵌的一整套工序。然而，随着电动旋碗机的引入以及木碗生产的产业化倾向，原来由同一个木碗匠人独自完成所有工艺程序的生产体系出现了分化，木碗生产作坊之间出现了越发细致的分工。有的家庭作坊开始专门从事木碗的蒸煮、祛湿、形塑，即原木碗的加工和生产，只需完成木碗形塑便可以对外出售。而有的家庭作坊则直接从别家收购原木碗后，专门从事木碗的上漆、彩绘、镶嵌等工艺流程。机械的引入和木碗生产的产业化发展，促进了原木碗在作坊之间的流动。就上桥头村来说，村民农布、阿茸、阿文华、杨建生、王友贵的家庭作坊主要从事原木碗的生产和加工，其中农布、王友贵还在村口开设了自家的木碗展销店，可直接对外销售原木碗。鲁茸卓玛、孔红英的家庭作坊主要从以上几家中收购原木碗，为之上漆、彩绘以及镶嵌。通常来说，经过上漆和彩绘的木碗就成了成品碗，在销售的时候，成品碗会比原木碗高出几十元或上百元不等，具体的价格主要与绘制图案的繁简程度和是否使用土漆有关。

相比于木碗原材料和原木碗来说，成品木碗的流动范围要更大。据上桥头村农布介绍，近年来云南藏族木碗的销量一直在上升，只要能够进到足够的木料，合格地完成木碗生产的各道工序，产品的销量一点儿不成问题。成品木碗的销售市场主要在拉萨，有的转售市场，四川的甘孜州、阿坝州也有市场，当然省内的丽江、大理等地也对木碗有一定需求。成品木碗的销售一般都是客户自己来人进货运走，有时候，村里的几户人家会合伙包车将木碗运到拉萨销售，跑一趟拉萨的运费大概是一万元。一般来说，成品木碗的客户都是比较固定的。近年来，随着藏区旅游业的发展，外来游客购买木碗作为纪念品的情况也越来越多，一些靠近藏区的城市，如昆明、成都、陕西等地也形成了藏文化一条街，在这些喧嚣的都市丛林中，藏族木碗也正在被摆放在越来越显眼的位置。

（2）使用过程中的流动

实体木碗的流动不仅表现在木碗的生产和销售过程中，还体现在藏民对木碗的使用过程中。藏民使用木碗的习俗跟他们的生产生活方式密切相关。云南藏区的低高海拔特征使其自然生态大多具有垂直性的特征，这催生了家庭生计方式的流动性特点，家庭成员们不仅要在干热河谷地带从事有限的农耕来获取粮食，也要将家里牲畜赶往高山草甸或森林放养，以此获取肉和奶。藏民这种以畜牧、放养为主的生产方式具有较大的空间流动性，不利于易碎的陶瓷碗和导热性强的金属碗的使用，而相对轻巧、价廉、隔热性强的木碗则受到普遍的欢迎。在传统社会，藏民只要出门，怀中一般必有一件不可缺少的东西，那就是木碗。

实体木碗的流动性还跟藏民们经商和跑马帮的传统生计方式有关。从经济文化类型上看，青藏高原的牧区和内地的农耕区之间存在经济文化资源上的互补，历史上的南方丝绸之路、茶马古道便是在这种资源互补的生态基础上发展繁荣起来的。尽管东、西之间有着高山峡谷的重重阻隔，但自古以来，藏族与周边其他民族之间就建立起了频繁而持续的物资交流，不少藏民选择外出经商或跑马帮，从而形成了一种外向型和流动性较强的生计选择。在青藏高原的漫漫山路中，鲜有人烟，外出经商或赶马的藏民在绝大部分行程中只得饮食山间、露宿野外，这时从家乡带出的时刻揣在怀里的木碗，不仅成为家乡的某种思念凭证，而且更像是一位不离不弃的情人时刻陪伴在他身旁。

除了在家庭和劳作的场所需要使用木碗外，藏民日常生活中各种各样的宗教节日、仪式和聚会也会增加木碗的流动性，木碗跟随碗的主人在这些不同的空间和场所中频繁流动。藏民们信仰藏传佛教，其日常生活里充满了各种各样的宗教性仪式和聚会。每日清晨，每户人家不仅会在自家的烧香台烧香，还会前往村社公共的白塔烧香和转经。空闲时节，年纪较大的藏民大多会在村子里转白塔、转经堂、转玛尼堆，同村的藏民还会在每月固定的时间点，到公共的经堂集体念经、喝茶。此外，村寨每年都有几个盛大的宗教节日和庆典，村民们会聚在一起庆祝、转山和祭祀。每一次集体性的宗教活动，都在一定程度上伴随着食物的共享，而这些场合都需要藏民携带自己的木碗。木碗随主人一起，在这种充满了流动性和仪式性的环境中不停地流转。

　　木碗在使用过程中还有一种相对特殊的流动形式，那就是它会跟随主人一起嫁（或入赘）到婚后的家庭中。对此，奔子栏村茸布此里认为，木碗既是主人的"情人"，更是主人的财产。在姑娘出嫁时，她婚前使用的木碗大多会作为一种特殊的嫁妆，从她的娘家带入到婆家，直到她在新的家庭里有能力置办一只新的木碗，或者父母、岳父母、亲朋送给她更好的木碗。即使这只带入婆家的木碗此后被新的木碗取代而不再使用，它也可以作为礼物收藏，成为她的一种陪伴，直到她去世；同样，好的木碗作为一种珍贵的礼物，也可以世代传递给后人。在藏族社会中，人们对出嫁和入赘一视同仁，上门入赘的女婿也会在婚后带上自己的木碗一起到新的家庭生活。

2. 作为社会礼物的木碗

　　藏民有"夫妻不共碗，父子不共碗，母女不共碗，兄弟不共碗"的说法，再亲的人也不能在同一时间段内共用一个木碗。从这一点出发，我们可以看到，木碗与其他藏式木制品最大的不同，不仅在于它的形制，更在于木碗被单独赋予了某种"专属性"。因为，木碗以外的所有藏式木制品（糌粑盒、鼻烟盒、折叠桌、壁橱等）不仅没有这层"专属"的寓意，相反它们还常常被看成是需要共享的（据上桥头村民王友贵介绍，共享鼻烟盒、糌粑盒等器物象征着人们的团结与和睦）。这即是说，在当地藏民的知识体系中，木碗与木碗以外的藏式木制品被划分为两类截然对立的东西，前者是根据"不能共享"的文化逻辑来被生产和认知的，后者遵循的却是"应当共享"的文化逻辑。

　　当然，尽管木碗与其主人之间存在着某种近似"契约"的纽带，在"个人使用"的层面上有着严格的专属性，但这并不妨碍木碗作为

目前我们还没有足够的田野材料来对此进行印证与分析，但我们认为，这是人们在更深层认知藏族木碗时应当留意的一点。

75

奔子栏村民展示木碗

一种礼物在藏区被广为接受。事实上，在藏族的日常生活中，木碗是一种普遍流行的礼物。人们向对方赠送木碗，不仅是一种交往的礼节，还是对某种社会关系的确认、巩固与象征。一般来说，除了家庭成员之间长辈对晚辈赠送木碗外，人们通常只会向那些被认为身份尊贵的对象赠送木碗。比如将上好的木碗送给长辈、贵族、土司、高僧、活佛、菩萨、山神等。在当地藏民的观念里，上等的木碗具有某种美好的寓意和象征，因此赠送木碗往往带有祝福的意味。总体来看，作为礼物的藏族木碗主要在三个层面发生流动：一是家人、亲朋之间，主要发生在藏民的日常生活中；二是发生在僧俗之间，即藏民与寺院僧人的木碗赠予；三是神与俗之间，如藏民将木碗放进玛尼堆、白塔等。

（1）家人、亲朋之间的赠予

家人之间互相赠送木碗是一种普遍的现象。虽然木碗像情人，但一个人一辈子其实并非只能使用某一只木碗。在我们的调查中，上桥头村在外上大学的拉追曾向我们指出，虽然木碗和碗的主人具有一种类似于契约的关系，但这种关系并不像一些媒体报道的那样是一种情人般的"终身契约"。因为普通木碗的使用寿命是较为有限的，如果一只普通材质的木碗每天都被使用，它很可能在几年或十几年后就会破损了。而木碗一旦出现破损，则被认为是不吉利，这时候碗的主人应当更换新碗。

此外，木碗的优劣实际上跟主人身份地位的高低直接关联。一个人在不同的年龄阶段有着不同的财富状况、社会地位和社会角色，儿童时期的木碗不可能用至老年，木碗会伴随着主人社会地位和社会角色的变化而发生更换，比如成年、结婚、出家等特殊的人生节点可能伴随着木碗的更换。因此，在拉追看来，虽然木碗与主人之间存在着某种类似契约的紧密关系，但这种紧密关系只是主人和碗之间的抽象意义的关系，而不是某个主人与某只具体的木碗之间简单的一一对应关系。

或许正是考虑到这一点，藏民们在挑选木碗作为礼物时通常会格外地讲究，以确保赠送的木碗的品性与木碗主人的身份大致相符。比如，镶金包银和材质上乘的宝木碗通常只能送给家中年纪最大的长者；父母送给孩子的木碗一定要符合孩子所处的年龄阶段和在家中的身份地位，在材质上，则以一般材质为宜。此外，由于木碗是当地婚俗中一种重要的嫁妆，一些父母会从长远考虑，提前为他们的子女置办结婚时所需要的木碗。比如，上桥头出产的"察牙"漆色靓丽、形状美观且经久耐用，自古以来就享誉整个藏区。当地一些家境殷实的人家，通常会提前自制或购买好几个上好的镶金包银的"察牙"木碗，作为日后女儿的重要嫁妆，或者送给儿子作为传家宝。

家人之间赠送的木碗的质量通常跟受礼者年龄、身份、地位呈相关关系。但有的时候，这种情况也会被打破。这主要是作为祖辈的爷爷奶奶把自己真爱的木碗赠送给孙辈。虽然藏民历来有父子不共碗的习俗，但爷孙之间则可以自由地传递木碗。据上桥头村向巴介绍，村子里有不少老人会把自己珍藏的木碗送给孙子，供他直接使用，或当作传家宝供其收藏。

一些关系亲密的亲戚朋友之间也存在着互赠木碗的情况。特别是在成年、结婚、生子、入寺等重要人生节点上，亲朋好友之间会向当事人赠送符合对方身份的木碗，以此表达祝福。

（2）僧与俗之间的赠予

有两个或更多的儿子的藏族家庭通常会有一个儿子出家为僧。当家里有人出家时，家长会为他准备好一个上好的和尚碗与之随行，这时的木碗往往具有别样的意义。据和梦、和金宝调查，藏民们在制作或购买自用木碗和奉献给僧人的和尚碗时，内心对木碗寄予不同的情感。奉献给僧人的"和尚碗"，同时蕴含着对僧佛的敬仰和对家人的祝福这两种情愫。和尚碗与俗人碗的区隔，也在这种僧俗之间的赠碗过程中得到了强化。

参见和梦、和金宝：《论滇川藏交界地带木碗文化变迁》，载《学术探索》，2015年第2期。

在历史上，藏民自己一般只使用普通的木碗，而将上好材质的木碗进行镶金包银后送给活佛或权贵阶级。在东竹林寺调查时我们也看到，一些修行的僧人使用的木碗有碗盖和底座，有些在碗盖与腰腹间还包了一层白银，盖顶镶嵌有宝石，这或许就是僧人的家人或者其他信众送给僧人的木碗。藏民们以给僧人赠送木碗为荣，同时，能向高僧大德或活佛赠送木碗，也是个人能力和宗教信仰的体现。不少藏族老人在临近去世时，会把一般材质的碗留给后人，而将宝木碗或者镶金包银的木碗送去寺里以添功德，这也是一种功德修行的体现。

在一些重大法事、法会期间，高僧大德和活佛也会向个别的藏民赠送木碗。此外，藏族人家每年都会定期请僧人到家里念经、做仪式，其间僧人也可能向这些人家赠送木碗，作为对这一家庭的祈福和回报。做法事期间，僧人在藏民家使用过的木碗，也不再是一般的木碗，而会因其具有某种神圣性而被收藏起来，放在经堂里供奉，成为一种具有特殊内涵的传家宝。

（3）神与俗之间的赠予

藏民的日常生活中充满了各种宗教仪式，这些仪式促进信众与神灵之间的沟通。有时候，这种沟通是以向神灵献祭木碗的形式来实现的。比如，藏民们会把自己曾经用过的木碗放进村口或者神山上的玛尼堆里，使之与玛尼石、风马旗、竹杖一起，演变成一种宗教圣物。

在上桥头藏民的观念中，人们把自己曾经使用过的木碗放进玛尼堆里，事实上就是把木碗作为一种礼物送给了神山和神灵。他们相信通过这种方式，不仅能增进自己的修行，还能为自己和家人祈求祥瑞。因此，当这些木碗被放进玛尼堆时，它便由一种日常使用的食具变成一种藏传佛教的符号，可供人们来瞻仰和祭拜。约瑟夫·洛克在《中国西南的古纳西王国》中谈到，当他在卡瓦格博西藏方面的上路考察时，他曾看到山路上一个特殊的圆锥形石堆"窝堆"，里面除了玛尼石、风马旗等，还摆放着无数个历经风雨的木碗。他把这些玛尼堆里的木碗看成是藏民宗教仪式里的一部分，认为是藏民献给神山的一种礼物。

藏民还可以通过把自己曾经使用过的木碗放入白塔的方式来使得木碗神圣化。根据和梦、和金宝在云南藏区的调查，当某位藏民去世后，他的木碗也要伴随他去到另一个世界。如果他生前使用的木碗太贵重，如镶了金、包了银，或者制作原料特别珍贵，也可以用一个更小的普通木碗代替陪葬，其生前所用之木碗就贡献给为其超度的活佛。活佛会在该村落建白塔时，将木碗及其他珍贵物品一起放进白塔里。

藏民将镶金包银的木碗作为礼物赠送给活佛和高僧，将自己曾经使用的某些木碗放进玛尼堆和白塔，他们把这种向神灵赠送木碗的行为看成是一种藏传佛教信仰的修行，希望以此来积累自身和家人的福瑞和好运。在此过程，木碗变成了一种流动在圣俗之间的、沟通宗教情感的礼物。

参见和梦、和金宝：《论滇川藏交界地带木碗文化变迁》，载《学术探索》，2015年第2期。

3. 作为文化载体的木碗

从木材到木碗，被改变的不仅是其外形，它天然的纹理、色泽也在这个过程中得到彰显。在田野调查中我们了解到，一只木碗的物理生命其实是有限的，正如前文拉追所说的那样，普通材质的木碗的使用年限也就几年乃至十几年的时间。因此，相比于物理生命而言，木碗的社会文化生命更长。那就是说，木碗除了用来饮食，它还作为一种宗教符号，是吉祥和好运的象征，木碗背后这种无形的象征和寓意，会与木碗主人一生相伴。

（1）木碗纹理的福瑞寓意

据上桥头村王友贵老人介绍，木碗之所以在价格上出现那么大的差别，不仅受材质优劣的影响，还跟人们对于木碗本身的一些物理属性的解读有关。在当地藏民的观念中，木碗与木碗主人之间存在某种象征关系，木碗的材质、纹路、装饰的好坏体现并预示着木碗主人福运的多少。

在生产加工的过程中，木碗经历了蒸煮、阴干、上漆等繁复的制作工序，因此一般情况下，成品木碗在短期内是不会出现开裂的。但随着使用年限的增长，以及使用环境干湿度的明显变化，普通材质的木碗可能会在磕碰、返潮以及暴晒的过程中发生开裂。而只有那些上等木料制作的木碗，凭借其扎实的木质，即使在周遭温湿度变化很大的环境中，仍旧能够保持原型不变。这就是说，优良材质的木碗（宝木碗），能在最大限度上减少甚至避免碗体出现缺损和开裂的情况。而一旦这种缺损或断裂出现，则被藏民们看成是一件非常不吉利的事情。如果无意中遇上了这种情况，对此讲究的木碗主人通常会选择一天不出门，以躲灾祸。

此外，用好的树根和树瘤做成的木碗，不仅结实厚重，而且上面还有清晰而细密的花纹。藏民把这些花纹跟佛教领域的一些祥瑞图案相关联，认为这是一种天然生成的福相。木碗材质越结实，木碗身上的花纹就越多，色彩就越明晰，而与此相应的祥瑞、福报和好运也就越多。天然的木头花纹在漆色里时隐时现，流光闪闪，它们像是遍及其全身的细密分布的经脉，似流水，似火焰，似天空中大风吹过的云层，形态各异，变化万千。

好木碗的花纹有多种形态，如磷火纹、猪鬃纹、猫头鹰眼纹等都是很吉祥的花纹，拥有这种花纹的木碗都很名贵，它们与普通木碗之间的价格也很悬殊。历史上，一只上好的香格里拉"察牙"木碗，可以顶十头牦牛的价格，一个中档"察牙"木碗，也要用两三只绵羊来交换。因此，上桥头和奔子栏村的木碗家庭作坊在购置木碗原料时，特别注意对优质木碗材料的选取。正如上桥头村民王杰所说，尽管制作宝木碗的木瘤很难寻找，价格也很贵，但只要找到一只好材质的木瘤，所有的艰辛都是值得的。因为当把木瘤做成木碗后，木碗的价格会翻好几倍。而促使木碗价格翻倍的原因，不仅是木碗加工过程中耗费的时间和劳力，更在于木碗在加工后所呈现出来的无与伦比的天然

藏民家中火塘旁放置的包银
木碗

81

纹彩和颜色。藏民们将这种天然纹理寓意为佛教文化中的祥瑞景象。而藏民将宝木碗的天然纹理与佛教的祥瑞寓意进行类比和解读，则是推动木碗卖出高价的一个重要原因。

当然，上等的木碗不仅需要好材料，还要有好的纹理，加工时得非常小心，要尽量留住木头里的天然纹路。奔子栏村的旺堆谈道：即便用的是相同的木料，但是如果纹理不同，两只木碗的价格也会相差好几倍。这句话道出了影响木碗价格的重要因素之一，那就是木碗的纹理，好的纹理在审美上当然给人愉悦，而这种愉悦并非只是感官上的愉悦，而是跟藏文化背后的一整套文化价值相契合的愉悦之感。可见，藏民们往往将木碗本身具有的天然纹理看成是福瑞和好运的象征。所以，当藏民木碗的纹路出现裂口或者碗体发生缺损时，他们才会将之看成是不吉利的象征，意味着他的福运的断裂或者破坏，必须及时更换木碗才行。

此外，上桥头村的王友贵老人还向我们介绍，在古代，用土漆涂制的工艺品就是上贡皇家的珍贵贡物，因为土漆制品很少出现爆裂和塌漆，能够确保木碗碗体和纹路的完整，并且历久弥新，保持光泽。因此，上桥头的藏民认为使用土漆为木碗上漆和修饰，还包含有一种祈求幸福吉祥的含义。土漆能使得木碗的纹路得以尽现，减少木碗发生断裂的可能，这便使得木碗本身的福相得以显现和延续。今天，上桥头和奔子栏村的木碗作坊大多迫于市场和生计，不得不采用工业合成的化学漆来刷木碗，但从访谈中我们能感到村民对于这些化学漆有一种情感的排斥。或许，这跟土漆背后隐藏的这层文化寓意有关吧。尽管当下的化学漆已经在市场上远远战胜了传统土漆，但它无法在文化寓意上真正地取代传统土漆。

除了木碗身上的天然纹饰被藏民们赋予了文化内涵之外，人们还通过彩绘、镶嵌、包银等工序来实现对木碗福瑞寓意的生产和再生产。

相较于其他的"木碗之乡"而言，云南藏区木碗制作的真正特点和优势在于彩绘漆艺。云南藏区的木碗强调在原木碗底色或图案纹样上用金粉或银粉来描绘花纹，以突出所绘画的图纹。他们描绘的图案，以传统的藏传佛教的图案元素为主，如梵文符号、火焰、祥云、云水纹、七珍八宝、龙、狮子以及花草等。这些彩绘线条不仅要求细而精致，同时追求流畅自然，以此来凸显木碗整体图像的勃勃生机。那些通过各种图案的配合能够体现出木碗立体感的彩绘，在当地的彩绘艺人看来才是真正的上品。有时候，对于一些木纹非常漂亮的木碗，比如一些宝木碗，他们通常不会上漆，以此来充分显示木碗的自然纹理之美。

（2）木碗的身份象征

藏学家王晓松在 20 世纪末对云南藏族有过调查并指出，木碗对藏民有着特殊的价值和意义，藏民们自古就爱木碗，久而久之，木碗早已超出了实用范畴，升华为家庭摆设的工艺精品，甚至是家庭身份和家庭财富的象征之一。任乃强先生也曾在《西康图经》中谈到木碗背后的身份等级，认为"西康木碗，大半自云南阿墩子输入……木碗之最佳者，用黑檀、紫檀之虫瘿剜成，康人呼为蒲萄根碗是也；价值甚昂，惟贵家有之，多用赤金包贴碗之内方，或且将外方包贴大部，仅露小部木纹，以示其为珍贵木质而已。如此一碗，价值有达四五千元者。其次为他种坚致木料所制，各大喇嘛与土司头人家有之。再次为普通温带木材所剜，皆自云南输入，西康无此类木材也。西康所有，惟松柏科植物与白桦，所剜木碗最不值钱，仅平民用之"。可见，木碗不仅仅只是一种食具，作为一种象征符号，它在藏族社会文化中具有界定和区隔人群的功能。

参见王晓松：《王晓松藏学文集》，昆明：云南民族出版社，2008 年版，203 页。

任乃强著：《西康图经·民俗篇》，新亚细亚出版科，中华民国二十三年（1934）七月初版，第 63 页。

藏民日常生活中的木器食具，包括木碗、糌粑盒、酥油盒等（图片来自奔子栏镇政府）

比如，木碗可以按照性别的标准划分为男碗和女碗。一般认为这是跟藏族历史上重男轻女、男尊女卑的思想有关，这种说法可能源于西藏历史。旧西藏地方政府的法典规定人有上、中、下三等，每等人又分上、中、下三级。这种制度便把藏人划分为三等九级，其中贫民属中等下级，其命价30~40两银子，而妇女属下等下级，其地位如同流浪汉、乞丐和铁匠等，命价如一根草绳。今天木碗中仍然清晰可见的这种性别区分，或许正是藏区历史上等级制度走到今天的一种遗存。时至今日，藏民夫妇串门到别人家，主人如果用木碗招待客人，那给妻子的木碗一般要比丈夫的小，反之，则被视为失礼。

除了具有区分男女性别的象征意义之外，木碗事实上还在区分着藏民之间的圣与俗（僧人碗与俗人碗、供奉碗与餐具碗）、贵与贱（土司、平民、农奴）、长与幼（父子、母女、爷孙）、尊与卑（活佛、喇嘛、信众）、亲与疏（亲人与朋友）、内与外（女儿与媳妇，木碗与瓷碗）。如今在藏族还常能见到的现象是，孩子们长大后有了自己的家庭，回老家看望父母，用餐时仍用自己随身携带的木碗，或自己结婚以前的木碗。然而，所不同的是，儿子和儿媳一同前往时，儿子仍用他以前在老家用过的木碗，儿媳没有这样的木碗，只能使用临时的碗，即我们现在的瓷碗。这时候，木碗无意中便标志出了人们之间的内外亲疏关系。

此外，在奔子栏村的茸布此里看来，木碗其实是有身份的："你的就是你的，我的就是我的，不能混淆。"正如我们在前面的分析中所谈到的那样，每一个木碗在形制、纹路、装饰上都有着自己的个性，人们会根据这些外形上的特征不断地为木碗赋予家庭伦理、等级秩序、宗教信仰的文化内涵，这就使得每一个木碗都具有了独一无二的文化身份。对此，茸布此里认为，就像世界上没有两个一模一样的人一样，世界上也没有两只一模一样的木碗，它们一定会在材质、大小、样式、花纹、颜色、装饰上有所区别。或许也正因如此，木碗也成了寺院在寻找转世活佛时，检验转世灵童的重要物件，真正的转世灵童会对他前世所用的木碗非常熟悉。在这一点上，茸布此里认为是绝对不会弄错的。

（3）现代化语境中的木碗

尽管云南藏族木碗制作有着很长的历史传统，但作为产业化的木碗生产则是在全球化和现代化的背景中发生的。随着藏区旅游业的发展，外来游客成为藏式木碗消费的一个新兴群体。时至今日，在拉萨、昌都、西宁、昆明、成都等地，我们能轻易找到藏式木碗的专卖店。这些木碗专卖店的顾客主要是生活在都市的藏族和一些对藏文化符号感兴趣的外来游客。

在现代化的语境下，越来越多人在购买藏族木碗，但不同的人对于藏族木碗的认知方式并不一致。正如我们在前文中已经看到的那样，对于生活在诸如奔子栏、上桥头等藏族村寨的藏民来说，他们眼中的木碗具有多层次的内涵。他们生产或购买木碗，不仅是为了发挥木碗作为一种食具的实用功能，还把它作为一种宗教生活方式来体验。我们还曾在田野调查中听到一种将使用木碗直接当成是宗教修行的说法，它认为藏民在用木碗捏制糌粑时，主人会托着木碗不停地按顺时针方向打转，用木碗捏糌粑的"转"，和转经、转佛塔、转玛尼堆的"转"具有同等的宗教意义。可见，对于藏民本身来说（特别是依然生活在农村社区的藏民来说），从市场购买木碗，不只是在发挥木碗的餐具功能，还在表征木碗背后蕴藏的宗教寓意和社会文化秩序。

然而，外来游客对藏族木碗的使用，则是在另一种完全不同的知识和文化背景中实现的。当现代社会的化工产品日益污染周遭环境时，城市人群普遍向往一种"告别都市"的健康、绿色生活，他们希望与更纯粹的大自然接近，比如近年来一些都市人群在互联网上呼吁的对于某种"原木生活"的向往与表述。在过去的半个世纪里，我们曾经以能够消费工业化的塑料、尼龙、陶瓷、金属等化工产品而深感荣耀，然而时至今日，木制产品似乎更加受到人们的信赖和欢迎，甚至不断被当成是一种后现代话语的表述实体和武器，用以攻击化工制品对人类环境造成的污染。今天都市人群对于"原木生活"的向往，或许响应了人们在后现代社会里所做的反思，以及对前现代社会的一种回归，很多游客也正是带着这种向往与期待来到西部，来到藏区。因此，在外来游客的眼中，藏族木碗更多的只是一种工艺，一种民族文化符号，它背后无端地被赋予了许多有关西部、大自然、绿色、雪域、神秘、圣洁的寓意和意象。外来游客购买藏族木碗，想要获得的，主要是这种藏式木制工艺本身，是木碗的材质、形制、颜色、手工等技艺层面的感官体验。他们可能会把这些木碗摆放在家里或办公室的橱窗，把它当成是一件工艺产品，但很少会将木碗作为一种食具，更不可能理解木碗和木碗文化在藏区的深层内涵。此外，内地很多游客还将藏族木碗看成是藏族和藏族文化的符号象征，把它看成是"西藏"这一异域和他者的浓缩体现。

然而，不管怎么说，人们对木碗的不同认知方式揭露了我们当下都市人群生活中的一个悖论。那就是人们一方面在不断地借助木制产品和"木质"这一符号象征，来表述对现代社会的环境污染的反感，从而强调生态环保，追求人与自然的和谐；另一方面，人们却又越来越陷身于后现代的敏感和对前现代的回归之中，在生活消费上发展出一种强烈而固执的木质倾向。殊不知，这种倾向又在刺激着人类进行更大规模的森林砍伐和环境污染。

如果这个悖论和困境需要被解开，那么，我们能否从藏民有关木碗的价值观念中获得某种启发？

木碗技艺的非物质文化遗产传承

1. 上桥头村木碗技艺传人

上桥头村民对于木碗制作技艺的来源有一个共识，即认为那是冯家的先祖阿大六当年跑马帮时从西藏学回来的。漆艺则源自大理剑川、鹤庆。现在，作为一项村里半数人以上都在从事的生计方式，木碗制作技艺在这样一个以亲缘和地缘为纽带的小型社会中为大家所共享。

汉名叫王三的孙诺七林老人出生于1929年，今年已经86岁高龄，是村里最年长的一位手艺人。孙诺七林的父亲在他2岁时就已去世，他从10岁开始便和哥哥跟着一位大理剑川的师傅在奔子栏学做木碗。先是拜师学艺当了三年学徒，然后再免费为师傅帮工一年，之后回到上桥头村自立门户做木碗。1958年，上桥头村成立了农业合作社，其中就有木碗加工合作社。1962年开始办厂，孙诺七林和哥哥作为民间艺人被招录进厂专门制作木碗、糌粑盒等木制品，同时负责收购原材料与销售等工作。直到1981年初，上桥头的木碗厂被中甸民族木碗厂收购合并，并搬迁到县城，孙诺七林和哥哥以及村里一批不愿随迁的老艺人便被解散还乡成了个体加工户。

上桥头村著名的木碗制作艺人与绘画大师知诗孙诺，汉名王汉青

孙诺七林的哥哥知诗孙诺是上桥头村著名的木碗制作艺人与绘画大师，汉名王汉青，于1992年去世。据说，知诗孙诺因为技艺精湛，曾于1946年受西藏的赤江仁波切邀请，进藏去画寺院里的壁画，并做木碗、漆经书的封盖板等活计，在那里一干就是五六年，直到1950年才回到上桥头村。

他的妻子斯那卓玛是西藏左贡县人，当年知诗孙诺在西藏做彩绘和漆艺时，正好碰见斯那卓玛跟着家人在拉萨八廓街做生意，两人一见倾心，并由此相知相爱，最后知诗孙诺回到上桥头时，便把这个媳妇也带了回来。

他们的儿媳鲁茸卓玛是奔子栏格浪水的藏族，1988 年嫁给知诗孙诺的儿子王德明。王德明现在在迪庆州林业局工作，他和鲁茸卓玛育有一儿一女。姐姐格桑拉追在云南民族大学学习越南语，弟弟向巴拉追在青海民族大学学习行政管理。知诗孙诺去世以后，儿媳鲁茸卓玛继承了公公的漆艺与绘画手艺，她自己不加工木坯，而是直接收购村里亲戚制作的木碗初成品来上漆与绘画。每天做完农活与家务之后，鲁茸卓玛便坐下来，在高原的阳光沐浴之下，一笔一画，精心细致地给木碗上漆，给糌粑盒绘色。即便村里不少人因为商业利益的驱动大部分都给木碗刷清光漆了，鲁茸卓玛还在坚持用传统的方法给木碗上土漆，并且她可能也是村里真正给木碗上土漆的最后一个人了。土漆工艺复杂，时间长，做得慢，效率低，因此每天能做的数量也有限，但在鲁茸卓玛的手中上漆或绘色的木制品却个个都堪称是工艺精品。

年轻时候的鲁茸卓玛正在给糌粑盒绘色

鲁茸卓玛制作的精致木碗

在她家中用于摆放成品的一间屋子里，我们看到了大量色彩明丽、造型丰富的漆器产品，包括木碗、糌粑盒、酥油盒、藏桌、木杯、木手镯等，其中有一些作品还获过奖。在木碗漆艺与绘色的传承方面，鲁茸卓玛采取的是一种十分灵活的对外开放模式，她以自家建造在岗曲河边的藏式小屋为基地，接待来自全国各地的观光团。其中包括对藏族传统工艺感兴趣的外国友人、专门针对小孩子的暑期班以及前来调研的学术团体等。鲁茸卓玛为这些人提供食宿，并教给他们一些简单的上漆和绘画的技巧。遇到可心的，这些人则会花钱买下来。

廖文华是上桥头村村民小组的组长（村长），现已在任5年多，同时他也是官方认定的省级非物质文化遗产木碗制作传承人。廖文华生于1969年，父亲廖德忠曾是"文革"时期的赤脚医生，在他9岁时去世。当时，廖文华的爷爷在上桥头的木碗厂工作，廖文华便跟着爷爷学做木碗。可以说廖文华在很小的时候便接触了木碗，他旋碗、熬漆、上漆的技艺都是从爷爷那里学来的，并在木碗厂的老前辈那里

耳濡目染了许多技巧与技法。从 9 岁开始到 23 岁成家立业，廖文华在木碗厂一干就是十几年。结婚后他们家在上桥头村修了一所大房子，花光了所有积蓄，还欠下许多债，为了还债和生存，廖文华出门干了几年的建筑，利用自己的手艺替别人盖房子、做彩绘等等。一直到 2003 年，他跟人借了 5000 块钱作为本钱，开始独立做木碗，到现在已有 12 年。

廖文华的情况代表了上桥头村木碗作坊主的整体水平。上桥头村现在除了鲁茸卓玛还专注于上漆与彩绘以外，其他人大多数只生产木碗初成品。因此，对于上桥头村的村民而言，他们擅长的技艺是对木碗进行初加工，即旋碗；而奔子栏村的村民更专注于上漆与绘色，两村的村民在木碗制作技艺方面各有所长。

2. 奔子栏村木碗技艺传人

1939 年出生的扎巴老人今年已经

上桥头村制作木碗的省级非物
质文化遗产传承人廖文华

91

奔子栏村木碗工艺传承人扎巴

75 岁了，现为奔子栏镇奔子栏村习木贡社人，是当地有名的木制品加工与漆色的手艺人。据扎巴老人口述，他们家自其爷爷辈便开始制作木碗，在糌粑盒上进行彩绘也有很长历史。他的爷爷以前在书松的东竹林寺当和尚，曾被国民党中央局的一个军官抓去汉地做儿子，军官教他读书识字、学习汉文，18 岁时才让他回到奔子栏。扎巴的爷爷回来以后，便跟着当时街上剑川来的师傅学漆艺，这项技术本来是不外传的，他就给那个师傅当了 4 年的学徒，才学到了熬漆和上漆的技艺。然而，扎巴制作木碗的技艺却是跟爸爸安鲁茸学习的。

安鲁茸幼年时在本村木器制作人家偷学技艺，后来，通过长时间的观看和无数次的模仿探索，逐步掌握了技艺要领，建立了自己的木器工艺作坊。后来，安鲁茸将这项技艺传给扎史农布，扎史农布传给扎巴，现在扎巴又传给儿子扎史保。扎巴从小就十分喜爱这门技艺，耳濡目染，肯学肯钻，从采选原料、制作毛坯、加工半成品，到打磨劈灰、上漆彩绘等，他都能潜心意会。扎巴的作品主要有糌粑盒、各种木碗、酥油盒、藏式折叠桌等，其特点精致耐用，色彩鲜艳，富有民族特色，在奔子栏具有较大的知名度。2005 年，迪庆州人民政府授予他"民间木制品工艺艺人"称号。

现在，扎巴家在奔子栏村拥有一个制作木碗的液压机作坊，一个补碗上漆的作坊，他们在村里开了一家旅店，另外还在德钦县城开了一家店专门销售自家生产的木制品。那台液压机为全村独有，据说是从深圳运回来的，生产木碗时不用实木木材，而是直接用锯末来压制模型，接着将模型送到补碗上漆的作坊，那里有扎巴家请的小工完成后续工作。上漆也不用土漆，而是直接刷清光漆。这样用液压机大批量机械化生产的木碗初成品质量不佳，一定要经过补碗的工序，但效率快，产量高，能够快速满足木碗市场的需求。

奔子栏村是云南藏区木碗工艺的发源地之一。作为历史上的茶马古道重镇，坐落在金沙江边干热河谷地带的奔子栏不仅有地缘区位优势和交通运输优势，并且在悠长的岁月中孕育出浓厚的藏文化，是云南省的"藏族传统文化保护区"。比起上桥头村，奔子栏的木碗工艺既有木碗加工层面的，又有漆艺与彩绘层面的，并且对于木碗的生产与经营，其形式也更丰富多样。

奔子栏镇文化站：《民族民间传统文化传承人：藏族民间木制品工艺传承人——扎巴》。

鲁茸益西及其儿子在自家的展览室里

鲁茸益西，1966 年出生，今年已经 48 岁的他拥有目前奔子栏镇最大的木碗制作厂，该厂的名字几经变更，一开始叫"奔子栏残疾人手工艺木制品厂"，现在的宣传资料上称"香格里拉藏家传统手工艺厂"，而名片的名称又叫"德钦县益西藏文化产业有限公司"。鲁茸益西 1983 年初中毕业，在随朋友到外地打工的过程中，不幸因车祸留下残疾而被迫回乡。返回奔子栏以后，因为邻近的四川亲戚多，他们不时会带一些虫草等物品来奔子栏卖，鲁茸益西便做起了中介的小本生意。同时，因为时常听起村里的老人提到茶马古道兴盛时奔子栏木碗的辉煌，他也跟着村里的一些老艺人学习木碗制作，虽然手艺不是十分精湛，但也做得有模有样。2001 年左右，他敏锐地察觉到

扎巴做的糌粑盒

云南藏区的木碗在西藏很有市场，便开始做起了买卖木碗的小生意。最初，他将奔子栏的木碗、糌粑盒以及其他土特产带到四川、青海、甘肃等地的藏区销售，也从这些地区带回奔子栏需要的物资在村内贩卖。几年下来，他发现奔子栏的木碗、糌粑盒等木制品在其他藏区也非常受欢迎，具有很大的市场潜力。于是在 2004 年，鲁茸益西创办了"奔子栏残疾人手工艺木制品厂"，开始专门从事木制品生产和销售。2004 年刚办厂时，鲁茸益西召集了村里一批老艺人到自己厂里做木制工艺品，包括木碗、糌粑盒、酥油盒、木杯、木碟、藏桌、酥油筒、烛台、木手镯等各种类别，他每月付给手艺人 600~700 元的工资，学徒每月 300 元，厂里人数最多时约有 20 余人。厂子办起来以后，因为经营有方，效益越来越好，年产值通常在百万元以上，纯利润达二三十万。

2013 年奔子栏"8·28""8·31"地震以后，鲁茸益西在修复自家住宅的同时，在家附近的果园里开辟出一块地来准备修建厂房，预计投资两百多万，修建 12 个（3.5 米 ×5 米）车间，融木碗、服饰、雕刻、银饰、藏餐与住宿为一体。在鲁茸

鲁茸益西制作的巨型糌粑盒

益西的木碗厂，其雇工有 10 余人，木碗的旋工、雕工和学徒每天能拿到 150 元、200~300 元、100 元不等的薪资，三餐包吃，并提供日常的烟酒茶等。鲁茸益西家是经过改良后的奔子栏式藏屋，加上露天晒台上下共四层还带两个小院，屋内雕梁画栋，壁画的元素全部取自藏传佛教中的经典。一楼进门的右边是展厅，一百平方左右的空间内集中摆放了鲁茸益西家制作的木制品，另外还有一些他从各处购买收藏的"老古董"，如以前马帮用过的牛皮袋、清朝或民国时期的糌粑盒等，品类繁多。二楼是客厅、厨房和主人的居室，三楼是经堂以及专门为游客准备的客房。目前，鲁茸益西的藏屋已初步具备了客栈、奔子栏木制品展示中心和木器制作传习馆的基本功能。

鲁茸益西认为，奔子栏手工业木制品的传承和发展一直没有中断主要有两方面的原因：一是藏区藏民日常生活的需要，这是主要的也是最基本的原因；二是现代旅游业的发展。奔子栏作为一个交通要塞，旅客过往频繁，精美的木制品能够吸引外地旅游者的眼光，这为木制品的开发起了极大的促进作用。但现在在进一步打开销路的问题上，还存在着一些困难，如资金、厂房越来越不能满足扩大生产规模；在技术方面，由于外地游客购买这些产品，主要看重的还是其精美的外观，而不是其实用价值，买回去以后多作为装饰品，这对制作初成品、雕刻、绘画以及喷漆师傅的技艺要求就特别高。而现有的师傅虽然对传统技艺继承得很好，但在技术、技艺和图案等方面的创新就比较困难了。正是因为对本民族文化的热爱以及对市场的敏锐眼光，才使得鲁茸益西能够将奔子栏的木制品与藏文化结合起来，集产、销、展为一体复合经营。

木碗产业走向何方

1. 云南藏区木碗产业的发展现状及其存在的问题

木碗生产从传统的手工作坊发展为今天集生产、销售、展览为一体的产业链，历经了几代匠人的摸索与打拼，并在今人的手中不断传承与创新。奔子栏村与上桥头村被誉为云南藏区的"木碗之乡"，村人从事木碗制作已有很长一段时间，积累了不少有益经验，具有了深厚的历史传统。两村制作木碗的情况，大体上可以反映云南藏区木碗产业的发展现状，以及其中存在的问题。

对于奔子栏村与上桥头村的村民而言，制作木碗的优势是显而易见的。

首先，藏民对木碗的市场需求是木碗产业发展的基础。木碗是藏民日常生活中不可或缺的一件饮食器具，在过去，几乎每一个藏民都有一个专属于自己的木碗。他们在情歌中传唱木碗，围着火塘吃饭时使用木碗，出门放牧或转经时随身携带木碗，对于身份尊贵的人他们赠送木碗……由此可见，木碗不仅因其轻巧便携、隔热耐摔的特性而具有实用功能，其所附着的文化价值更是深厚的藏文化传统的一种具体表现。藏民对木碗的刚性需求使得木碗市场在一段时间内长期处于"供小于求"的状态。客户购买力强，市场潜力大，这是云南藏区木碗产业发展的优势之一。

老照片中的奔子栏木碗展销店
（图片来自奔子栏镇政府）

其次，云南藏区的地缘区位优势为木碗产业的发展增强了竞争力。云南藏区位于滇、川、藏三省区交界地带，其特殊的战略位置在历史上就是兵家的必争之地。它西北与卫藏接壤，东北与康区相连，

南界丽江市与怒江州，是联结卫藏、康巴、安多三大藏区的咽喉。因此，尽管云南藏区在全国范围来看处在山高路远的西南边疆地区，但因为拥有地缘区位的优势，本地的木碗厂商更加熟悉各地藏民的消费心理与消费习惯，因而在市场上更具有竞争力，这是木碗产业发展的优势之二。

再者，便利的交通网络为木碗产业的发展提供了运输保障。奔子栏村在历史上就是茶马古道的重镇之一，上桥头村也曾为路过打尖住店的马帮提供食宿。国道214建成以后，主干道穿村而过，便利的交通网络更像遍及全身的血管一样将奔子栏村和上桥头村与其他地区联系起来。因为靠近交通要道，尽管许多物资两地无法自产，但能通过便利的交通获得。例如木碗生产所需的原材料可以通过国道214从滇西北的德钦、维西、大理、丽江，甚至从森林资源丰富的滇西、滇南运来。而木碗加工完成以后，又可以通过国道214运往各地市场上进行售卖。这是木碗产业发展的优势之三。

最后，充足的劳动力为木碗产业的发展提供了持续运作的动力。从山上的一块树根或树瘤变成一个精美的木碗，中间要经过许多复杂的工序，木碗制作主要是一个体力活，需要人们协作完成。受社会大分工以及产品批量生产的影响，木碗制作的分工也越来越细，从原材料的砍拾、蒸煮、祛湿到木碗的塑形、打磨、上漆，几乎每个环节都要由专人负责，如此便对人工劳力产生了需求。奔子栏村与上桥头村都处于干热河谷地带，受到地理环境限制，当地村民人均分到的土地极少，农业生产通常只够自用。迫于生计的压力以及改善生活的希冀，两村以及周边其他村寨的藏民会利用农闲时间从事木碗生产，或直接全职参与。木碗产业既获得了充足的劳动力又解决了一批人的就业问题，可谓"双赢"，这是木碗产业发展的优势之四。

不过，就像硬币具有正反两面一样，木碗产业的发展虽然前景可观，但也隐含了一些问题。

第一，原材料供应日趋紧张。奔子栏村与上桥头村都不出产制作木碗的原材料，只能依赖附近的林产区，而这些林产区距离两村都有相当的距离，一般都在 100 公里以上，不仅无法掌握材质的质量，还受运输费用等影响，也就无法控制成本价格。与 10 年前相比，现在奔子栏村与上桥头村对原材料的使用量已经超过以前十数倍。明显可见的是，树木生长的速度远远低于人们对木制品需求的增长，木碗加工所需的树瘤、树结越来越难找，造成原材料价格普遍上涨。而如果原材料不足，甚至资源枯竭，这对赖此存活的木碗产业的打击就是致命的。

见李旭：《香格里拉上桥头村文化资源调查》，载郭家骥、边明社主编的《迪庆州民族文化保护传承与开发研究》，云南人民出版社，2012 年 7 月版，第 107 页。

第二，瓷碗的广泛使用对木碗造成冲击。虽然木碗几乎是藏族的文化符号之一，我们一提及木碗就会想到藏族，但事实上现代藏族人对木碗的使用并不是绝对的。在我们的调查中发现，木碗的使用正在经历现代的变迁，许多城市或农耕定居的藏民已经不再使用木碗，尤其是藏民中的青壮年，更是普遍用上了汉地的瓷碗，就连请到家中做法事的僧人，过去他们自带木碗或由藏民提供木碗，现在也都换作了瓷碗，可见其对木碗市场的冲击之大。加上木碗防摔、耐磨，使用寿命较长，人们更新换代的速度较慢，因此藏民对普通木碗的市场需求会逐渐趋于饱和。

第三，资金不足，木碗厂商周转困难，不利于产业做大做强。随着木碗不断扩大生产，加上受到普遍通货膨胀的影响，木碗产业的原材料价格与人工费用也在不断上涨，奔子栏村与上桥头村的木碗商人时常禁不住感慨，过去几千元就能运作起来的木制品产业现在有10万元的资本也很难正常运转，加上商业贷款不易，又无人引导他们申请政府扶持的无息或低息贷款，因此大部分木碗厂商都满足于现在家庭作坊式的发展模式，难以扩大产业规模。

第四，木碗产业发育程度低，产业缺乏科学管理。就目前而言，木碗虽然从一个传统的手工业发展成集产、销、展为一体的产业，但其发育程度仍然很低。以奔子栏镇规模最大且开始尝试复合式经营的"益西藏文化产业有限公司"为例，"益西藏木"的员工构成、组织模式乃至产业规模虽然已具备了公司的雏形，但一切还处于萌芽阶段，"益西藏木"距离成为一个真正有实力的"公司"，还有一定的上升空间。加工户水平参差不齐是木碗产业的普遍现象，因为产业整合能力弱，且缺乏科学的管理，其相对于同类型的产品而言，市场竞争力较弱，经济效益较差。

第五，木碗制作技艺以及漆艺的传承问题迫在眉睫。仍以奔子栏村和上桥头村为例，虽然两村现在制作木碗的人大多是四五十岁以下的青壮年，但分工制作的模式使他们只能精于其中的一两道工序，而无法独立完整地做出一个木碗。漆艺的传承问题更严峻。经济利益驱使下，现在许多木碗厂商都会选择给木碗上清光漆。清光漆的优势是明显的，它没有什么技术含量，买来就可以直接刷，成本低，效率高，在其冲击下，很少人会选择给木碗上工序复杂、耗时耗力的传统土漆。土漆的配方与熬制技艺历来便不会轻易示人，加之现在学的人又少，因而会的人也越来越少。并且奔子栏村与上桥头村的村民大多认为制作木碗是一件"又灰又累的活"，是迫于生计而从事的行业。比起制作木碗，他们更希望自己的下一代能好好读书走出去，因此木碗制作技艺与漆艺的后续人才培养，也是我们需要关注的一大问题。

2. 云南藏区木碗产业的保护、传承与可持续发展

2003 年联合国教科文组织颁布的《保护非物质文化遗产公约》规定："非物质文化遗产是指被各群体、团体、有时为个人视为其文化遗产的各种实践、表演、表现形式、知识和技能及其有关的工具、实物、工艺品和文化场所。"而在我国，2005 年 12 月由国务院颁发的《关于加强文化遗产保护的通知》中规定："非物质文化遗产是指各种以非物质形态存在的与群众生活密切相关、世代相承的传统文化表现形式"，包括"口头传统、传统表演艺术、民俗活动和礼仪与节庆、有关自然界和宇宙的民间传统知识和实践、传统手工艺技能等以及上述传统文化表现形式相关的文化空间"。

2013 年 6 月，尼西乡上桥头木碗制作技艺被列入迪庆州非物质文化遗产保护项目，并积极推荐申报云南省第三批非物质文化遗产项目。然而就在同年 8 月 28 日、31 日，在云南省迪庆州香格里拉市、德钦县与四川省甘孜州得荣县交界处先后发生了 5.1 级、5.9 级地震，造成受灾地区多处发生山体滑坡与坍塌，通信、通电、通水中断，桥梁、农田、水利等基础设施损毁严重。处于河谷地带的奔子栏村和上桥头村受灾严重，尤其是上桥头村，靠近山体一侧的建筑几乎全毁，村内到处可见被巨石砸坏的房屋。时至今日，即便地震已过去一年半左右，上桥头的村民们仍住在村子对岸河边的一块平地上，在那里搭起救灾帐篷或临时板房生活，而河对岸的家，只在需要拿东西或存放

老照片中精美的木碗（图片来自奔子栏镇政府）

上桥头村鲁茸卓玛家摆放的木制工艺品（摄自上桥头村鲁茸卓玛家）

物品时才会去一两次。村民们说，上桥头村现在还有余震，风一大山上也会落滚石，村子里已经不能住人了，因为处在资纳腊山脚下，山体破碎，飞石不断，重建工作也无法开展，只能等政府另选新址建村。同时，因为巨石堵住了水源，传统的农耕无法继续，地里没有收成，村里人除了自家养点儿牲口以外，只有靠制作木碗养家糊口，木碗几乎成了他们当下唯一的生计方式。虽然地震一类的自然灾害属于突发事件，人类现在还无法准确预测它的发生，但它造成的损失提醒了我们人类本身及其文化的脆弱性，对于非物质文化遗产的保护与传承刻不容缓。

在这个语境下进行分析，云南藏区的木碗制作技艺被列入非物质文化遗产保护名录具有文化层面的意义；而当地人利用这项世代传承的技艺进行生产，并逐步发展为木碗产业，获取商业利益，则具有经济层面的意义。从非物质文化遗产的角度来说，对于木碗制作技艺，我们应当重视对它的保护与传承；而从木碗产业的角度来说，则应当在获取经济效益的同时提高文化自觉，让木碗厂商与传承人主动承担起保护与传承技艺的社会责任，探寻一条可持续发展的道路。

因此，针对以上木碗产业的发展现状及其存在的问题，我们认为，这条可持续发展的道路应当至少注意以下几点：一、在原材料供应日趋紧张的情况下，木碗产业应当寻求新的发展之路。一方面保持对普通木碗市场的供应量，另一方面则生产精品木碗，努力打造文化产业品牌，如可以利用木碗非物质文化遗产的名号挖掘工艺旅游品市场，将"非遗"蕴含的文化价值资本化，以此增加产品的附加值。在资源有限的基础上打造高、精、尖产品，这是木碗产业可持续发展需要解决的首要问题。二、鼓励木碗厂商之间进行合作，整合并调整木碗产业结构。一方面可以明确木碗制作分工，使其精细化，另一方面要重点培养熟谙木碗制作技艺的传承人，让他对木碗生产进行技术指导。三、重视培养木碗制作技艺的传承人，尤其应当重视漆艺的传承。规范木制品市场，将土漆产品与清光漆产品区分开来，在市场中赋予它们不同等级的价值，以便让土漆在市场中获得与其付出相对应的回报，从而能够自主地传承下去。

以上目标需要政府部门与木碗传承人的共同努力。首先，政府部门的扶持不能只停留在宣讲层面，而应当有实际的作为，政府需为木碗制作技艺与漆艺的传承人提供必要的物资以及基础设施保障，指派专家学者进行调研并给予科学的指导但又不过度进行行政干预。其次，参与木碗制作的当地人尤其是"非遗"传承人则应当提高文化自觉，不仅要考虑如何将木碗产业做大做强从而获得经济效益，更要承担起保护与传承木碗制作技艺与漆艺的责任来，掌握主动权，从而走一条可持续发展的道路。

附录

云南藏族其他木制品简介

在云南藏区，奔子栏村与上桥头村的手艺人除了制作木碗以外，也会制作糌粑盒、酥油盒、酥油筒、藏桌、酒器、调料盒、手镯、戒指等木制品。

1. 糌粑盒

糌粑盒顾名思义就是藏族人用来装糌粑的容器。糌粑盒的体积普遍比木碗更大，因而可供上色、绘画等的面积也更广，一个上漆、绘色、镶嵌的糌粑盒有时比一个木碗的制作工艺还更复杂，通常要经过20几道工序。

首先，要车旋糌粑盒的模子，用几块大小不一的原木，先旋出糌粑盒的底座，再旋出它的上盖，然后用牛皮胶将上下两个部分贴合。其次，要不断打磨，并用牛皮胶与黏土兑出的白色黏液配合纸条来补裂缝，打磨与修补的过程要反复进行很多次。再者，将打磨、修补好的糌粑盒加温到一定程度以后上底漆，然后刷红色的颜料（过去用朱砂，现在普遍用油漆），放在阴凉的地方晾干。晾干后又上一次土漆，并放到地窖里阴干，干到差不多程度就用银箔一块块贴上去，再放到地窖里阴干。这一次阴干后要把糌粑盒擦干净，并放到太阳底下晒，晒干以后开始在上面绘画，绘画以后又上土漆，上完土漆再于有花纹的地方贴银箔，贴完后再阴干，阴干后最后进行勾线完成。这样制作出来的糌粑盒具有极高的审美功能，看上去不仅图案生动活泼、色泽光滑亮丽，并且富有层次感，堪称工艺精品。

糌粑盒与木碗一样，它的工艺与外形变化都经历了一个发展的过程。过去的糌粑盒总体而言是体积比较小，但容量较大；现在则是体积比较大，但容量较小。并且以前的糌粑盒车旋出来以后并不上土漆，而是只刷一层核桃油。上漆、绘色、镶嵌都是近代才开始兴起的，但是材质好、木纹好看的糌粑盒现在也不怎么上漆和装饰，人们欣赏的

古旧的糌粑盒

糌粑盒

是它自然的美丽。上漆、绘色的糌粑盒，图案则以藏八宝等藏传佛教中的吉祥图案为主，奔子栏村的艺人甚至将寿字、长城等符号的图案画在了糌粑盒上，体现了这一地区汉藏文化的交融以及多民族和谐共生的状况。

2. 酥油盒

酥油盒就是盛放酥油的盒子，在云南藏区广为流行。云南藏族的酥油，都做成重约 1.5 公斤的圆饼形状，酥油盒高约 9 厘米，直径约22 厘米，有竹编、木制两种，都有盖子，一个酥油盒可放一坨酥油，在家一般用木制盒，外出狩猎、劳动时，用不易摔坏的竹盒。

丹珠昂奔、周润年等编：《藏族大辞典》，甘肃人民出版社，2003 年 2 月版，第 747 页。

3. 酥油筒

酥油筒一般用红松或毛竹制作而成，是藏族家家必备的生产生活用品。酥油筒分两种，一种是从奶中提取酥油的桶，叫作"雪董"（酸奶筒），这种筒较大，高约 133 厘米，口径近 33 厘米，是牧区常见的生产性酥油筒；另一种叫"甲董"（酥油茶筒），是家庭日常用的酥油筒。有的酥油茶筒很小，宜于出门携带。无论是"雪董"还是"甲董"，一般都是由筒筒和搅拌器两部分组成，桶为木制，上下口径一般大，外围用铜皮箍，上下两端用铜做花边。搅拌器的制作比较简单，先做一块比桶口稍小的圆木板，木板上凿出几个小孔，以便搅拌时，液汁和气体可以通过小孔上下流动，在圆板的中心安一根比筒长 17 厘米左右的木把手，把手部分也饰以铜箍，这样既美观又结实。

酥油盒

丹珠昂奔、周润年等编：《藏族大辞典》，甘肃人民出版社，2003 年 2 月版，第 747 页。

4. 木制藏桌

藏桌是藏族的主要家具，常陈设于餐厅、客厅兼厨房的地方，兼有餐桌、茶几等功能。一般标准藏桌的四面挡板都有雕饰，用材也很

酒器、调料盒及精美的木制藏桌

讲究。另外还有一种折叠式藏桌，尺寸比标准藏桌小一些，桌面下方为前、左、右的雕花挡板以及三面雕花桌裙腿，可折叠收缩起来，使桌子成为一扁平箱子形状，便于携带，常用于牧区藏族的帐篷里。

见李旭：《香格里拉上桥头村文化资源调查》，载郭家骥、边明社主编的《迪庆州民族文化保护传承与开发研究》，云南人民出版社，2012年7月版，第96页。

5. 木制酒器、调料盒

藏族木制酒器、调料盒的造型与汉地瓷器的造型相差不大，只是材质有所不同。酒器通常是由一个木制酒壶与几个木制酒杯组成，有的再配一个木托盘，主要用来盛青稞酒。调料盒的规格可大可小，主要用来盛盐、味精、辣椒等调料。

6. 手镯、戒指

木制手镯与戒指等大多是应云南藏区旅游业的发展而开发出来的产品，大多用制作木碗、糌粑盒或酥油盒剩余的边角料做成，价格的高低与材质的好坏以及手艺人做工的精细程度密切相关。

木制手镯与戒指

后记

　　初识藏族木碗，是在 2008 年那个大雪封山的寒冬。那时，我带领 4 名云南大学民族研究院的硕士研究生顶风冒雪下到金沙江河谷边的奔子栏村。次日，百年不遇的大雪阻断了我们的前路和归途，一连 10 多天，我们都吃住在奔子栏村的藏民家，那时正逢过春节，走家串户中我们见到不少精美的木碗，其巧夺天工的精湛手艺、价值不菲的金银包饰以及熠熠生辉的宝石镶嵌引发了我的浓厚兴趣。

　　随后几年，几乎每年我都要到奔子栏等地进行田野调查，并多次借宿在当地的木碗制作技艺传承人扎巴老人家。扎巴从其爷爷辈开始便在剑川木匠那里学会了制作木碗的技艺，并初步掌握了制漆、上色、彩绘等工艺流程，这项技艺后来在传承中不断丰满，日渐成熟，至今已是第三代了。就这样，我在老人家中听其娓娓道来，逐渐对奔子栏村这个茶马古道重镇制作木碗的历史有了初步认识。

　　2012 年 7 月，我带领云南大学民族学、人类学研究生田野调查暑期学校的 10 余名学生入住距离奔子栏不远的香格里拉市尼西乡上桥头村。据了解，这个仅有 42 户的小村庄就有 17 户人家专门从事木碗生产，木碗的加工制作成了上桥头村最主要的经济收入来源。在这里，伴随着机器飞速旋转的尖利声响，我们记录了木碗制作的全部工序，并有幸详细掌握了木碗土漆制作的工艺流程。

除了对木碗本体的关注外，在随后几年的田野调查中，我更加留意文化意义上的木碗，关注不同藏区的木碗、作为社会礼物的木碗以及作为文化载体的木碗等等。在查阅大量文献后，我发现，尽管藏民对木碗珍爱有加，但学界极少有系统地研究介绍藏族木碗和木碗文化的论文与书籍。

10余年间，行走在藏区丰沃的民族文化田野中，无论是在群山环抱的德钦县奔子栏村，还是在河水淙淙的香格里拉市尼西乡上桥头村，或者是在山色葱茏的维西县塔城镇其宗村，路过家门，藏民们总是热情地招呼我去家中喝茶攀谈，似乎我已成为他们村的一员，成了他们熟识的邻里。每遇我们刨根问底、轮番上阵、不分昼夜式地"纠缠"，淳朴善良的村民总是不厌其烦、竭尽所能地一一作答，详细解

做好的木制品成品，包括木碗、酥油盒、糌粑盒、酥油筒、木果盘等

包银木碗

释。更有甚者，为了能系统、全面、细致地回答我们的问题，为我们的研究提供进一步的线索，一些受访者还把问题记录下来，让我们次日再去拜访。

这些年来，藏区、藏民、藏族以及藏族周边各民族的文化，给予我无尽的学术研究资源，他们的真诚和对自身文化的珍爱是我进行学术研究的最大动力。一介书生，无以为报，谨以此书献给我热爱的村庄和土地，献给那些给予过我无数真诚帮助的藏族朋友！

本书从田野调查到全书的完稿历时近 3 年。其间，2012 年云南大学民族学人类学研究生暑期学校上桥头队的学生、中央民族大学民族学与社会学学院博士研究生廖惟春、迪庆州委党校的孙志娟老师以及西藏民族学院陈立明教授的硕士研究生李锦平、冯鑫同学也参与了调查，并对此书的撰写做出了贡献，在此一并致谢！

李志农　刘虹每

2015 年 6 月 12 日

图书在版编目（CIP）数据

云南藏族木碗文化 / 李志农, 刘虹每著. —— 昆明：
云南美术出版社, 2018.2
（非物质文化遗产的田野图像）
ISBN 978-7-5489-2666-5

Ⅰ.①云… Ⅱ.①李…②刘… Ⅲ.①藏族 – 木制品
– 手工艺品 – 制作 – 云南 Ⅳ.①TS656

中国版本图书馆CIP数据核字(2017)第000039号

出 版 人：李　维　刘大伟
策　　划：吉　彤　高　伟
责任编辑：张湘柱　吴　洋
责任校对：于重榕　李江文
装帧设计：高　伟　庞　宇
英文翻译：毕晓红

非物质文化遗产的田野图像
云南大学西南边疆少数民族研究中心◎编
何　　明◎主编

云南藏族木碗文化

李志农　刘虹每 / 著

出版发行：云南出版集团　云南美术出版社
制版印刷：重庆新金雅迪艺术印刷有限公司
开本：889mm×1194mm　1/16
字数：54 千
印张：7.5
印数：1–2000
版次：2018 年 2 月第 1 版
印次：2018 年 2 月第 1 次印刷
ISBN 978-7-5489-2666-5
定价：98.00 元